Lorenzo Mosna

STREAMING

ISTRUZIONI PER L'USO

© 2018 Pro.Mo – Milano

info@promoedizioni.it

Prima edizione: settembre 2018

ISBN: 978-88-908039-1-8

Sommario

PARTE PRIMA
Il mixer video

1. Introduzione

Nel corso della storia, il montaggio cinematografico si è profondamente trasformato. Fino all'invenzione del video, il montaggio si svolgeva esclusivamente in moviola, uno strumento in grado di tagliare e congiungere una copia di lavorazione della pellicola originale. La moviola consentiva al montatore di intervenire in qualsiasi momento con tagli, aggiunte, correzioni, permettendo così un tipo di lavorazione ponderata, permissiva, avvezza al ripensamento. Allo stesso tempo, la moviola

> **"** fornisce al film-maker una particolare educazione nel saper tagliare, valutare ciascun fotogramma e nel conoscere fisicamente quanti fotogrammi siano necessari per un dato scopo e per quale durata. Sviluppa il polso di un montatore nel saper fare buoni tagli.[1]

Se il cinema ha continuato per decenni a montare con questo sistema (persino *Munich* di Steven Spielberg, datato 2005 e dunque in piena era del montaggio digitale,

---

[1] http://itchyfish.com/old-school-film-editing-machines-moviola-and-steenbeck/ (trad. mia)

fu montato in moviola da Michael Kahn[2]) la televisione ha dovuto sin da subito intraprendere un percorso diverso. La televisione, infatti, segue un processo produttivo che potremmo definire *in itinere*: nella sua forma originaria, la TV ha sempre montato (o, più propriamente, *mixato*) le proprie immagini in tempo reale, seguendo il flusso della diretta e senza possibilità di ripensamenti. Tutto quello che usciva dai mixer delle sale di regia era definitivo, immutabile e – perlomeno nei primi due decenni della storia di questo medium – effimero. Agli albori della televisione, infatti, non vi era modo di conservare le riprese televisive, se non filmando uno schermo della diretta con una cinepresa. Così, gli unici documenti video dei programmi televisivi degli anni Trenta e Quaranta, non sono altro che copie in pellicola realizzate attraverso uno strumento chiamato *vidigrafo*, dal funzionamento rudimentale e, inizialmente, dalla qualità discutibile[3].

L'avvento della registrazione videomagnetica, avvenuta nel 1956 con l'introduzione dei nastri Ampex, consentì di conservare i programmi televisivi senza l'ausilio di cineprese e pellicole. Benché i nastri Ampex potessero essere montati attraverso un sistema meccanico, per cer-

---

[2] John Rosenberg, The Healthy Edit: Creative Techniques for Perfecting Your Movie, Oxford, Elseiver, 2011, cap 4
[3] Gian Maria Corazza, Sergio Zenatti, Dentro la televisione, Roma, Gremese, 1999, p. 194

ti versi simile alla moviola e basato su taglierina e giuntatrice[4], il primo reale scopo della registrazione videomagnetica fu quello di conservare prodotti andati in onda, e dunque già mixati. Persino le differite, rese anch'esse possibili dall'avvento dell'Ampex, non potevano prescindere dal mixer video: ogni programma televisivo viene infatti ripreso in multicamera, mixato in una sala di regia e quindi trasmesso in diretta o registrato per una differita. Nella grande maggioranza dei casi, per ragioni economiche e di tempo, i programmi TV registrati vengono realizzati con la tecnica della diretta-differita, mediante la quale si "simula" una diretta televisiva e si interrompe la registrazione solo in caso di problema o di grave errore tecnico o artistico. La televisione, insomma, è il regno del "buona la prima".

Persino oggigiorno, con l'impiego di sistemi di registrazione digitale che spalancano le porte a strumenti di editing molto più pratici, il mixer continua ad essere lo strumento "a monte" della produzione televisiva. Certo, il montaggio di stampo cinematografico continua ad avere un larghissimo impiego nel confezionamento di servizi e contributi video per i programmi in onda, oltre che nei prodotti come i documentari, alcuni reality e film per la TV. Potremmo addirittura affermare che al-

---

[4] Arthur Schneider, Jump Cut!: Memoirs of a Pioneer Television Editor, Jefferson, McFarland, 1996, p. 2

cuni canali tematici si siano quasi sbarazzati del mixer, a favore di un palinsesto costituito esclusivamente da prodotti realizzati in monocamera. Eppure, laddove vi sia uno studio televisivo, il mixer continua ad essere lo strumento principale nelle mani del regista, l'apparecchio che consente di fare la televisione, il timone di ogni diretta.

2. Il mixer video

Il mixer video (detto anche *production switcher* o *vision mixer*) è lo strumento che consente di sincronizzare, scambiare e mixare i segnali video provenienti da più sorgenti. Esso è tipicamente costituito da un'unità centrale, detta *unità di elaborazione* e da una pulsantiera, detta *pannello di controllo*.

2.1 L'unità di elaborazione

L'unità di elaborazione è l'apparato hardware del mixer che riceve i segnali e che consente di commutarli e applicarvi effetti. Per fare ciò, l'unità di elaborazione si occupa di sincronizzare tutti i segnali in ingresso, affinché gli stacchi possano avvenire con assoluta precisione e senza perdita di segnale.[5]

L'unità di elaborazione è dunque il cervello del mixer, lo strumento che effettua effettivamente il mixage dei segnali e restituisce un output. Per questa ragione, l'unità di elaborazione è dotata di un certo numero di *ingressi* e di almeno un'*uscita*. Ad ogni ingresso è possibile collegare una camera, e l'anteprima del segnale in ingresso viene solitamente mostrato su di uno schermo dedicato, detto *schermo di preview*. Il segnale mixato, e

---

[5] Gian Maria Corazza, Sergio Zenatti, Dentro la televisione, Roma, Gremese, 1999, pp. 215-217

dunque indirizzato verso l'uscita del mixer, viene visualizzato su di uno schermo detto *program*. Preview e program sono due strumenti fondamentali per il regista, grazie ai quali può verificare che cosa stia riprendendo ciascuna camera (e dunque impartire degli ordini ai cameramen) e che cosa stia effettivamente andando in diretta.

La sincronizzazione dei segnali

Per meglio comprendere l'importanza della sincronizzazione dei segnali, consideriamo lo standard televisivo europeo, in cui i segnali giungono nel mixer a una velocità di riproduzione di 25 fotogrammi al secondo. Ciò significa che ogni fotogramma resta sullo schermo per 4 centesimi di secondo, per poi passare al fotogramma successivo. Se due segnali fossero sfasati di soli 2 centesimi di secondo, al momento della commutazione tra i due segnali il mixer dovrebbe attendere 2 centesimi di secondo per visualizzare il fotogramma successivo, mostrando un brevissimo nero (o, peggio, un'immagine distorta) percepibile dallo spettatore. I mixer video, dunque, fanno uso di una memoria tampone (detta *frame synchronizer* nei mixer digitali e *time base corrector* nei mixer analogici) per consentire a tutti i segnali di allinearsi, e hanno spesso la capacità di generare un segnale chiamato *genlock* che sincronizza tutte le telecamere compatibili con questa funzione.

Un esempio pratico di quanto descritto poco sopra si riscontra nei comuni hub HDMI, apparecchi utilizzati per collegare più sorgenti (ad esempio un decoder della TV satellitare e una console per videogiochi) ad un'unica porta HDMI sul proprio televisore. Questi apparecchi, dal costo di pochi euro, sono dotati di un interruttore che consente di passare da una sorgente a un'altra. I segnali, tuttavia, non vengono sincronizzati e, nel momento in cui si preme l'interruttore per passare dalla prima alla seconda sorgente, si ha una perdita di segnale, solitamente visualizzata sulla TV con la dicitura "nessun segnale".

Per agevolare il lavoro del regista, oltre agli schermi di preview e di program è possibile collegare al mixer uno schermo dedicato per camera, in modo tale che l'immagine di ciascuna telecamera sia sempre visibile. Così, in uno studio televisivo con otto telecamere, la sala regia è solitamente dotata di almeno dieci schermi, uno per ciascuna delle otto camere, più lo schermo di program e quello di preview. Per ovvie ragioni, tali configurazioni richiedono molto spazio (e molti cavi): per ovviare a questo problema, i mixer più moderni hanno la possibilità di creare un mosaico di tutte le camere (e, talvolta, di preview e program) su di un unico schermo in *split screen*, ottimizzando lo spazio richiesto in sala di regia. Questa funzionalità prende il nome di *multiviewer* ed è, in alcuni casi, realizzata tramite un apparecchio dedicato.

2.2 Il pannello di controllo

Altrimenti detto *pulsantiera*, il pannello di controllo è lo strumento che consente all'operatore del mixer di controllare l'unità di elaborazione. Sebbene i mixer moderni siano controllabili tramite un software che emula le funzioni di una pulsantiera, l'uso di un pannello di controllo fisico è ancora il preferito dai professionisti del mixer. Nella sua configurazione più semplice, il pannello di controllo è costituito da due linee di pulsanti – dette *bus* – e da una *leva di transizione*, *T-bar* o *fader bar*.

Esistono due tipologie di mixer, identificabili dal differente utilizzo del pannello di controllo. La prima tipologia di mixer, chiamata *flip-flop*, è la più comune nelle sale di regia moderne. Essa è costituita da un bus di program e da un bus di preview, ossia da due file di pulsanti che consentono di selezionare le camere mostrate sullo schermo di preview e sullo schermo di program. Premendo i pulsanti sul bus di preview, sullo schermo di preview appare la camera selezionata, mentre premendo i pulsanti sul bus di program si selezionano le camere che vanno in onda. In questa maniera, il regista può indicare al regista quali camere mandare in onda semplicemente chiamandole per numero, o chiedere al mixerista di "preparare" una camera, ossia di selezionarla sul bus di preview.

Selezionando due camere differenti sul bus di preview e sul bus di program, è possibile attivare una transizione muovendo la *fader bar*. Se, ad esempio, abbiamo in onda la camera 1 e in preview la camera 2, abbassando la leva di transizione si genera una dissolvenza che inverte le due camere: la camera 1 si spegne sul bus di program e si accende sul bus di preview, mentre la camera 2 si spegne sul bus di preview e va in onda. Solitamente i mixer flip-flop hanno la retroilluminazione dei pulsanti, che consente al mixerista di avere un riferimento visivo in merito alle camere attive e a quelle non attive.

Il secondo tipo di mixer, detto *A/B*, funziona in maniera differente. Al posto di un bus di preview e un bus di program, il mixer A/B ha due bus chiamati, appunto, A e B. A seconda della posizione della leva di transizione, il bus A può diventare bus di program e il bus B può assumere il ruolo di bus di preview, e viceversa. Se la leva di transizione si trova verso l'alto, il bus A è quello ad andare in onda. Quando la leva si sposta verso il basso, il bus in onda diventa il B. Il mixerista, dunque, deve prestare molta attenzione alla posizione della leva di transizione (o, più correttamente, ad un apposito LED indicatore) prima di premere i pulsanti: il rischio di premere un pulsante sul bus sbagliato è altissimo, ed è anche per questa ragione che i mixer A/B stanno cadendo in disuso.

A prescindere dalla tipologia di mixer presente in sala di regia, gli ordini impartiti da un regista all'addetto al mixer sono sempre gli stessi. Ad esempio:

Regista: *"Quattro... in onda"*

Mixerista preme il pulsante 4 sul bus di program

Regista: *"Sei... vai!"*

> Mixerista preme il pulsante 6 sul bus di program
>
> Regista: "*Prepara la due*"
>
> Mixerista preme il pulsante 2 sul bus di preview
>
> Regista: "*Dissolvenza! Due!*"
>
> Mixerista abbassa la leva di transizione e dissolve dalla camera 6 alla camera 2.

Questo esempio ci mostra solo una parte del lavoro svolto dal regista e non tiene conto di alcuni aspetti importanti – come gli ordini impartiti ai cameraman – né tantomeno di tutte le funzionalità avanzate del mixer, che vedremo nei prossimi paragrafi.

2.3 Il key bus

Oltre ai bus di program e di preview, la gran parte dei mixer ha a disposizione una terza fila di pulsanti, detta *key bus* o, più raramente, *bus di chiave*. Il *key bus* consente di lavorare con tutti gli effetti di *compositing*, ossia che richiedono l'utilizzo di una *chiave*, la quale permette di sostituire *parte* di un'immagine con un'altra o di sovrapporre a uno sfondo un'immagine con una parte trasparente.

L'esempio più comune è dato dall'utilizzo di un *chroma key* o *chiave cromatica*: il soggetto da inquadrare viene posto davanti a uno sfondo monocolore (solitamente verde o blu)[6] che, attraverso l'effettistica del mixer, viene rimosso dall'immagine e sostituito (in gergo, l'operazione è detta *bucare l'immagine*). In questo modo, al posto dello sfondo verde il mixerista può selezionare uno sfondo differente, ponendo il soggetto in un luogo virtuale. Questo tipo di effettistica è comunemente usato in televisione nei programmi che utilizzano studi televisivi virtuali (*virtual studio*) ed è, ad esempio, utilizzato di frequente nei telegiornali durante le previsioni del tempo.

Un altro esempio di effettistica legata all'utilizzo delle chiavi si identifica nel *luma key* o *chiave di luminanza*. A differenza del chroma key, dove un colore viene sostituito con un'immagine, nel luma key si sostituisce la luminosità (i bianchi e i neri). Questa tecnica funziona quando il soggetto e lo sfondo hanno un forte contrasto

---

[6] I colori verde e blu sono un retaggio dei mixer analogici, in cui le immagini venivano suddivise in tre componenti cromatiche (rosso, blu e verde). In questi mixer, si eliminava una di queste tre componenti cromatiche per ottenere la trasparenza. Poiché il rosso è un colore presente nell'incarnato umano, per evitare di bucare anche i visi delle persone inquadrate si è storicamente optato per l'utilizzo del verde e del blu. Anche se i moderni mixer digitali consentono la rimozione di qualsiasi colore, l'uso degli sfondi verdi e blu è ancora oggi uno standard.

(ad esempio un soggetto molto chiaro su di uno sfondo molto scuro, o viceversa) e può essere utilizzata – con alcune limitazioni – come rimpiazzo del chroma key, semplicemente ponendo il soggetto davanti a un muro bianco o nero o inserendolo in un "white/black limbo", la tipica stanza rivestita di bianco o di nero in uso in molti studi fotografici. Pur avendo avuto largo impiego all'epoca della televisione in bianco e nero, per ovvie ragioni la chiave di luminanza è oggi meno usata della chiave di croma in ambito professionale.

Il terzo tipo di chiave, detto *chiave lineare, Alpha* o *linear key* è stato introdotto con l'avvento dei mixer digitali. Anziché rimuovere una componente dell'immagine (colore o luminosità), la chiave lineare utilizza una sorgente video in cui è stata aggiunta un'ulteriore componente detta *canale alfa*, che viene identificata dal mixer come una trasparenza. I vantaggi di questo sistema si riscontrano nella massima precisione dei contorni dell'immagine bucata, nell'assenza di limiti legati ai colori dei soggetti inquadrati (nel chroma key, ad esempio, il soggetto non può indossare un vestito dello stesso colore dello sfondo) e nella possibilità di utilizzare delle *semitrasparenze* (si pensi, ad esempio, a un effetto di fumo o nebbia virtuale). Gli svantaggi derivano dal fatto che il canale alfa non può essere generato in tempo reale dal mixer, ma deve essere creato in precedenza attraverso un apposito software. Ciò significa che qualunque sorgente dotata di una chiave lineare è un'immagine statica o un video registrato precedentemente. Per questa ragione, la chiave lineare si utilizza per apporre al proprio sfondo video registrati, effetti in grafica 3D o immagini statiche con trasparenza, ma è indubbiamente il tipo di chiave più utilizzato nella TV odierna.

Il key bus consente di preparare le inquadrature dotate di effetti prima di mandarle in onda, e dunque permette al mixerista/regista di effettuare delle regolazioni in sede di prova, per poi mandarle in onda al momento opportuno. Premendo un pulsante sul key bus si seleziona quale sorgente andrà a sovrapporsi ad uno sfondo (sul bus di program o di preview). Quindi, attraverso un pulsante dedicato, è possibile mandare in onda l'immagine composita.

2.4 Il DSK

Un altro elemento affine al key bus ma con un funzionamento differente si riscontra nel *DSK*, o *downstream keyer*. Questo strumento, come il key bus, permette di selezionare una sorgente dotata di chiave e di sovrapporla a una seconda sorgente. Nel DSK, però, questa "seconda sorgente" è sempre il video che sta andando in onda. In altre parole, il DSK opera *a valle del flusso* (downstream, appunto), intervenendo sul video già mixato. Ciò significa che il DSK è indipendente da qualsiasi altra funzione del mixer: ogni effetto applicato tramite il DSK resta sullo schermo a prescindere da cosa si faccia sui bus di program, di preview e di chiave. Allo stesso modo, il DSK è dotato di una sua effettistica di transizione che consente, ad esempio, di fare entrare o uscire la chiave in dissolvenza a prescindere dall'inquadratura sul monitor di preview, mentre è raramente dotato di effetti di chroma o luma key. Per questo motivo, il DSK è molto utilizzato per quelle grafiche che necessitano di restare sullo schermo per lunghi periodi di tempo o che necessitano di una transizione, come i titoli scorrevoli dei moderni telegiornali o il logo del canale[7], mentre il key bus (detto anche *upstream keyer*) è principalmente utilizzato per applicare effetti di chroma o luma key.

2.5 Le transizioni

Oltre alla dissolvenza (*fade*), i mixer sono in grado di effettuare diversi tipi di transizione, normalmente detti *wipe* o *tendina*. Ne esistono di diversi tipi selezionabili tramite un'apposita pulsantiera, e spaziano dai più comuni iris o scorrimenti fino ad arrivare a

---

[7] Nella realtà, i loghi dei canali non vengono sovrapposti dal mixer di regia, ma da un apposito DSK collocato in sala di emissione. In questo modo, il logo del canale è visibile anche durante le pause pubblicitarie e nel passaggio da un programma a un altro.

qualche soluzione più bizzarra. Come le dissolvenze, anche i *wipe* si possono controllare tramite la leva di transizione.

Anche se le tendine sono di più rara applicazione rispetto alle dissolvenze, un uso piuttosto comune della tendina lo si riscontra nello split screen "artigianale": lasciando "a metà" un effetto di tendina orizzontale, infatti è possibile dividere l'immagine in due. Questo tipo di soluzione è efficace ma poco praticata a livello professionale, dove solitamente si preferisce intervenire con un effetto digitale.

2.6 Gli effetti digitali

Ogni effetto che distorce, ridimensiona o ruota l'immagine viene classificato come effetto digitale o *DVE* (digital video effect). Un tempo, tali effetti erano delegati ad una macchina esterna al mixer video che applicava gli effetti e li rimandava al mixer. Oggigiorno, i DVE sono integrati nei mixer ed è possibile alterare le immagini direttamente dal pannello di controllo o, in alcuni casi, da un computer collegato al mixer. I mixer, solitamente, sono dotati di un joystick che consente di applicare gli effetti digitali in maniera molto intuitiva, realizzando – ad esempio – dei semplici picture in picture fino ad effetti più complessi ottenuti in grafica 3D.

2.7 Il tally

Alcuni mixer sono dotati di una strumentazione chiamata *tally*, che consente ai cameramen e alle persone presenti in studio di sapere quale telecamera sia in onda. Il tally invia un segnale alla camera attiva sul bus di program, che accende una luce di colore rosso collocata sopra la telecamera e all'interno del mirino entro cui guarda l'operatore. Questa funzione è estremamente utile sia per i cameramen che, ovviamente, per il conduttore che può capire in pochi istanti verso quale camera rivolgersi. Solitamente, tuttavia, l'unità tally è una macchina esterna al mixer ed adattabile a diversi tipi di telecamera, anche se nativamente prive di tally[8].

2.8 L'intercom

Sebbene non propriamente legato al mixer, l'*intercom* è uno strumento fondamentale in sala di regia. Si tratta dell'apparecchio che mette in comunicazione tutti gli addetti alla produzione, dalla regia al mixer, dagli assistenti di studio ai fonici, dai tecnici ai cameramen. La comunicazione tra gli addetti ai lavori è fondamentale, ed è onere del regista fornire ordini chiari e rapidi. Per questo motivo, molti registi preferiscono

---

[8] Lorenzo Mosna in Roberto C. Provenzano, *TV-TV. Cosa fare, come farlo*, Milano, Franco Angeli, 2013, p. 176

associare alle camere un numero, in modo tale che gli ordini possano partire con rapidità e senza la confusione che si potrebbe generare chiamando per nome gli operatori.

2.9 Il controllo camere

In ambito professionale, le telecamere possono essere regolate direttamente dalla sala di regia tramite un'apparecchiatura detta *CCU* (camera control unit) e, talvolta, integrata nel mixer. Grazie a questo strumento, il tecnico di regia può regolare parametri fondamentali della telecamera quali diaframma, temperatura colore, guadagno, livelli del bianco/nero, filtri[9].

In una situazione di regia complessa (si pensi ad un evento sportivo con più di dieci telecamere) sarebbe estremamente complesso e laborioso chiedere ad ogni operatore di effettuare delle regolazioni. Per questo motivo, è di gran lunga preferibile disporre di una CCU che regoli ciascuna telecamera dalla sala di regia, consentendo di effettuare delle correzioni anche in diretta. Si pensi, ad esempio, alle riprese di uno spettacolo teatrale dove i cambi di luce costringono a rivedere di continuo le regolazioni diaframmatiche e il bilanciamento

---

[9] S.P. Sharma, *Basic Radio and Television, Second Edition*, New Delhi, Tata McGraw Hill, 2003, p. 441

del bianco: grazie alla CCU è possibile salvare dei preset per ogni camera e richiamarli al momento opportuno, rendendo molto più efficace il lavoro dei tecnici di regia.

> **Il mixer virtuale**
>
> Negli studi di regia professionali il mixer video è costituito da un'unità di elaborazione e un pannello di controllo, ossia da due *hardware* ai quali si collegano monitor e telecamere. Con il diffondersi degli streaming e la necessità di miniaturizzare le regie mobili, il mercato ha iniziato ad offrire dei software capaci di effettuare le stesse operazioni di un mixer utilizzando un semplice PC. Questi software prendono il nome di *virtual mixer*, e consentono di ottenere risultati di qualità più che buona con investimenti spesso ridicoli se paragonati al costo di un mixer professionale.
>
> Talo software, attraverso un'interfaccia grafica, ricalcano i bus del mixer e virtualizzano la leva di transizione, rendendoli estremamente user friendly per chi ha già dimestichezza con il mondo della regia televisiva. È evidente che, per funzionare, necessitano di un computer dotato di schede di acquisizione, apparecchiature che consentono di ricevere un segnale video esterno (ad esempio da una telecamera). Esistono schede di acquisizione esterne – collegate tramite interfaccia USB – che consentono di virtualizzare un mixer anche su di un computer portatile. Questa possibilità ha di fatto consentito a piccoli service video di effettuare servizi di regia multicamera a basso costo e in luoghi spesso inaccessibili: una vera e propria svolta per il crescente mercato delle dirette video via internet.

3. Le sorgenti e i segnali video

Il mixer video, come affermato nel capitolo precedente, è uno strumento che permette di mixare i segnali video provenienti da più sorgenti. Tali sorgenti, tipicamente, sono costituite da più telecamere collegate al mixer, ma non solo. In questo breve paragrafo faremo un elenco delle sorgenti più comuni che troviamo collegate a un mixer, e ci soffermeremo sui diversi cavi e i diversi segnali video.

3.1 I cavi

Prima di concentrarci sulle sorgenti, è opportuno soffermarci sui cavi, l'apparecchiatura che consente al segnale video di viaggiare dalla sorgente al mixer.

Il cavo coassiale è un cavo molto economico e di costruzione molto semplice, costituito da un filo di rame avvolto da materiale isolante, circondato a sua volta da una rete metallica chiusa in una guaina di plastica. Questi tipi di cavo, presenti nel mondo della televisione sin dai suoi albori, sono utilizzati sia per l'audio che per il video, e terminano solitamente con un connettore di tipo BNC o RCA.

In ambienti non professionali, un cavo estremamente diffuso è il cavo HDMI. Questo cavo, comunemente utilizzato per connettere decoder della televisione satellitare o console per videogiochi al proprio televisore, è costituito da una guaina esterna che racchiude fino a 19 cavi isolati e una rete metallica. Alcuni mixer possono essere collegati ad apparecchiature non professionali attraverso questo tipo di cavo.

Altri cavi, come il celebre *cavo scart* europeo, l'americano *cavo S-video* o il giapponese *D-Terminal* sono ormai in disuso e sono praticamente assenti nei mixer, mentre cavi derivati dal mondo dell'informatica come il *VGA* e il *DVI* possono ancora trovare qualche applicazione nel mondo dei mixer video, sebbene siano anch'essi piuttosto rari. Il cavo in fibra ottica, infine, è comunemente utilizzato in ambito digitale, quando si ha la necessità di trasportare il segnale per distanze molto lunghe.

Poiché le telecamere professionali non hanno solo la necessità di trasportare un segnale audio/video, ma anche di ricevere input dalla regia e informazioni aggiuntive (come il time code, il tally, il controllo camera e l'intercom), spesso più cavi coassiali o di altra tipologia vengono intrecciati in un unico cavo, detto *cavo multicore*.

3.2 I segnali

Ciascuno dei cavi elencati nel paragrafo precedente trasporta un segnale. Il cavo coassiale, come vedremo, è un vero e proprio camaleonte del mondo audiovisivo, in quanto la sua semplice configurazione consente di trasportare una miriade di segnali differenti.

Il segnale più utilizzato a livello professionale è chiamato *SDI*, acronimo di *Serial Digital Interface*. Come si evince dal nome, si tratta di un segnale digitale che, grazie alla peculiarità di trasmettere i dati in maniera *seriale* (cioè, un bit alla volta) può viaggiare su di un unico cavo, nello specifico su di un cavo seriale. Altra peculiarità di questo cavo è data dalla possibilità di trasportare un segnale audio, oltre al video. Esistono diversi standard supportati dall'interfaccia SDI, che consentono di trasportare segnali video in bassa definizione, alta definizione (in questo caso si parla di *HD-SDI*) e, a partire dal 2015, in ultra alta definizione (*8G-SDI*, *12G-SDI* e *24G-SDI*). Su cavo coassiale singolo o doppio, questo segnale può essere trasportato fino a 300 metri di distanza, una lunghezza più che sufficiente per la gran parte degli studi televisivi e anche per molti eventi sportivi. In caso vi sia la necessità di trasportare il segnale su distanze maggiori, è possibile utilizzare dei ripetitori di segnale o, in alternativa, utilizzare un cavo in fibra ottica con apposito convertitore.

Il segnale HDMI, usatissimo a livello consumer, è anch'esso un segnale video digitale che supporta la bassa definizione, l'alta definizione e l'ultra alta definizione e che è in grado di trasportare l'audio. Nonostante gli standard HDMI di ultima generazione supportino una larghezza di banda sufficiente per avere un'ottima qualità audio/video, questo standard non è utilizzato a livello professionale per due importanti limiti: in primo luogo, i cavi di alta qualità hanno un costo anche cinque o sei volte più elevato di un cavo coassiale professionale; in secondo luogo, il segnale HDMI non supera distanze dell'ordine di 10-15 metri, rendendolo di fatto inutilizzabile anche in studi televisivi di modeste dimensioni. Per questa ragione, anche uno studio TV non professionale potrebbe avere bisogno di convertitori o ripetitori di segnale al fine di portare il segnale dalle camere alla regia.

SDI e HDMI sono i più comuni segnali in ambito digitale. Benché quasi tutti gli studi TV si siano ormai convertiti al digitale, non è improbabile trovarsi di fronte a qualche standard più vecchio, appartenente all'era dell'analogico e ancora compatibile con alcuni moderni mixer. È bene dunque ricordare che, un tempo, i segnali più utilizzati erano il composito, il component e il segnale RGB e che tutti questi segnali avevano la peculiarità di deteriorarsi gradualmente al crescere della lunghezza del cavo.

Il segnale *composito* ha la peculiarità di trasportare tutte le componenti del video (colore, luminosità, sincronia) su di un unico cavo coassiale, senza tuttavia la possibilità di trasportare un segnale audio. Il vantaggio è dato dall'economicità dei setup, a fronte di una qualità video generalmente peggiore di qualunque altro standard. La presenza di tutte le componenti del video in un unico segnale analogico, infatti, genera parecchie interferenze e deteriora l'immagine. Un altro svantaggio del segnale composito è dato dal mancato supporto all'alta definizione.

Il segnale *component* (spesso chiamato YP_BP_R) trasporta le componenti del segnale su tre diversi cavi coassiali, senza audio. Non ci addentreremo nelle caratteristiche di questo segnale, limitandoci a dire che i cavi trasportano separatamente le informazioni di luminosità e colore, garantendo una qualità nettamente superiore al segnale composito e consentendo di raggiungere risoluzioni fino al Full-HD (1080p).

Il segnale *RGB*, infine, utilizza un cavo per ciascuno dei tre colori della televisione (rosso, verde e blu) in cui è incluso il segnale di luminanza. In altre parole, luminosità e colore viaggiano sullo stesso cavo, ma vi è un cavo per ciascun colore. Questo standard è stato a lungo utilizzato sui vecchi cavi SCART, ma per ragioni principalmente commerciali non ha mai supportato l'alta definizione, restando di fatto un segnale meno usato a livello professionale.

3.3 Le telecamere

Iniziamo con un'ovvietà: la telecamera è la sorgente più comune collegata a un mixer. Negli studi televisivi professionali, come illustrato nel precedente paragrafo, le telecamere sono collegate al mixer tramite un cavo coassiale con interfaccia SDI. Le telecamere compatibili con il segnale SDI, solitamente, sono telecamere *broadcast*, ossia apparecchi professionali pensati per l'utilizzo in uno studio televisivo, con una bassissima latenza di trasmissione del segnale e il supporto del *genlock*, un segnale proveniente dal mixer e utilizzato per sincronizzare tutte le telecamere fra loro.

In alcuni casi, la telecamera non è collegata al mixer via cavo, bensì attraverso un sistema senza fili. Nella gran parte dei casi, il segnale giunge comunque al mixer attraverso l'interfaccia SDI: la telecamera, infatti, è dotata di un convertitore che trasforma il segnale SDI in un segnale via etere, trasmesso a un ricevitore collegato a sua volta al mixer attraverso un cavo SDI. Le apparecchiature che consentono di trasformare una normale telecamera in una camera wireless sono piuttosto costose e hanno un raggio di azione solitamente non superiore ai 100 – 150 metri. Allo stesso tempo, i moderni sistemi di trasmissione presentano una latenza pressoché nulla, consentendo alle telecamere senza fili di lavorare in sincronia con le normali telecamere *wired*.

Un altro tipo di telecamera è la cosiddetta *camera remotata, camera robotizzata* o *camera PTZ* (pan-tilt-zoom). Queste telecamere, spesso collegate tramite interfaccia SDI, attraverso un sistema di controllo remoto possono essere ruotate sui propri assi e permettono di regolare lo zoom e la messa a fuoco. Solitamente sono controllate da un'unità esterna al mixer e dotata di un joystick, che permette in maniera molto intuitiva di muovere la telecamera secondo le proprie esigenze. Spesso consentono all'operatore di salvare alcune posizioni predefinite, che possono essere richiamate dall'operatore in regia con la semplice pressione di un pulsante. Poiché queste camere occupano uno spazio piuttosto modesto e possono essere installate su muri e soffitti, sono frequenti in luoghi quali teatri e sale conferenza. Inoltre, grazie alla semplicità di uso del proprio pannello di controllo, più camere possono essere controllate da un solo operatore, riducendo in maniera significativa i costi di una produzione in termini di risorse umane.

Nel caso di telecamere controllate da un operatore, il regista assegna alla camera un numero, corrispondente ad un pulsante sui bus di program e di preview (e, conseguentemente, a un monitor in sala di regia). L'operatore conosce il numero della propria telecamera, un aspetto che consente al regista di comunicare con il cameraman semplicemente chiamandolo per numero. Nelle regie televisive, infatti, si preferisce comunicare con le telecamere evitando di chiamare l'operatore per nome: si risparmiano istanti preziosi e, soprattutto, si evitano molti errori.

3.4 I contributi video

Nel caso in cui il programma televisivo preveda dei contributi registrati, si parla di *RVM*. L'acronimo RVM – Registrazione Video Magnetica – oggigiorno non ha molto senso, dato che il passaggio alle regie digitali ha di fatto mandato in pensione i vecchi nastri magnetici su cui venivano esportati i servizi video pronti per essere mandati in onda. Ciononostante, il termine RVM (o, in inglese, VTR) è rimasto nel linguaggio della televisione per indicare un contributo video.

Un tempo la macchina degli RVM non era altro che un videoregistratore collegato al mixer: il mixerista avviava il nastro e lo mandava in onda. Nei telegiornali, dove i ritmi di produzione sono serrati, era piuttosto comune assistere a veri e propri errori di messa in onda degli RVM: capitava, ad esempio, di vedere partire il servizio sbagliato, o di assistere a servizi che partivano a metà. In altri casi, si poteva persino assistere all'operazione di riavvolgimento del nastro e alle conseguenti scuse di un imbarazzato conduttore.

Oggi, gli RVM non sono altro che file video presenti su di un server (detto, appunto, *video server*). Ciò consente al regista di avere accesso immediato a qualunque contributo video, rendendo di fatto più facile il lavoro in sala di regia e riducendo il rischio di commettere errori. Nella maggior parte dei casi, la sezione RVM della regia si trova a fianco al mixer e viene controllata da un operatore dedicato tramite un computer. Il video server è solitamente collegato al mixer tramite un cavo SDI.

3.5 I replay

Il video server, oltre a consentire il caricamento e richiamo di contenuti video registrati, può operare anche come DVR, ossia come *digital video recorder*. Oltre a registrare il program (ossia tutto quello che è andato in onda) i sistemi più avanzati di DVR consentono di registrare i video provenienti da un certo numero di telecamere e di rimandarli in onda a richiesta, realizzando un *replay*. Un pannello di controllo dedicato e collegato al video server permette di riavvolgere e riprodurre con rapidità i video appena registrati, e un'unità computerizzata dotata di time code consente di recuperare istantaneamente qualsiasi spezzone registrato.

Unità più complesse permettono di salvare gli spezzoni per eventuali *highlights*, e di effettuare dei complessi *instant-replay* semi-automatizzati, che consentono di passare in rassegna un certo numero di telecamere mostrando la stessa scena da più angolazioni, solitamente in slow motion. Questo tipo di funzionalità è largamente sfruttata negli eventi sportivi, dove si ha spesso la necessità di mostrare il replay di un'azione da più punti di vista e si hanno pochi secondi per farlo prima di riprendere con la diretta.

3.6 Le matrici

Negli studi di grandi dimensioni e nelle produzioni televisive complesse (ad esempio le riprese di eventi sportivi) le fonti video che giungono in sala di regia possono essere in numero molto elevato, rendendo molto complessa la configurazione del mixer. Inoltre, poiché gli studi televisivi sono quasi sempre utilizzati da più programmi in diversi giorni della settimana, sarebbe semplicemente impensabile per un tecnico di regia staccare e riattaccare decine di cavi a seconda delle esigenze della produzione. Per questa ragione, i segnali prima di giungere nel mixer passano quasi sempre attraverso una matrice, altrimenti detta *video router*: la matrice è uno strumento dotato di una pulsantiera capace di instradare con rapidità i segnali verso qualunque fonte e, se richiesto, di duplicarli. In questo modo, ad esempio, il regista può spostare una telecamera dall'ingresso 1 del mixer all'ingresso 3 semplicemente premendo un pulsante, senza necessità di staccare cavi o riconfigurare il mixer. Allo stesso modo, il program può essere collegato alla matrice, che consente alla regia di instradare il segnale verso la sala di emissione (vedi capitolo successivo) e/o di inviarlo ad un DVR per la registrazione. Infine, le matrici permettono di semplificare la configurazione di un mixer nel caso in cui la produzione faccia affidamento a regie esterne, come nel caso di un programma con molti collegamenti in esterna o negli eventi con *regia internazionale*, in cui diverse emittenti nazionali si collegano ad una regia non gestita da loro (si pensi ai grandi eventi sportivi).

3.7 L'audio

La regia video e la regia audio, comunemente, si trovano in due luoghi separati. Ciò è principalmente dovuto alla necessità dei tecnici del suono di poter sentire l'audio a volumi alti, che disturberebbero gli ordini impartiti dal regista al mixer e alle camere. Questo, tuttavia, non avviene sempre: nelle piccole produzioni e nelle regie di conferenza la regia audio può trovarsi all'interno della stessa sala della regia video, costringendo entrambi i reparti a trovare qualche compromesso.

In tutti i casi, anche quando le due regie non condividono lo stesso luogo, esse non lavorano a compartimenti stagni ma in maniera sinergica, comunicando tra loro e tenendo costantemente sotto controllo ciò che avviene.

Tornando all'oggetto di questo capitolo, è evidente che l'audio giunge nel mixer video attraverso un cavo, solitamente coassiale. In regia video giunge un segnale già mixato dalla regia audio, con una latenza tale da consentire la sincronizzazione con il program.

PARTE SECONDA
Lo streaming

4. L'emissione: dall'antenna allo streaming

Una volta che il video esce dal mixer, vi sono due possibilità: la registrazione e l'emissione (in inglese *playout*). Nel primo caso, il video viene registrato su di un supporto, sia esso un nastro videomagnetico o un hard disk. I video server stanno gradualmente sostituendo tutti i supporti fisici, mandando di fatto in pensione le vecchie cassette: le possibilità di copiare le registrazioni in tempi molto rapidi, di effettuare infinite copie senza perdita di qualità, di poter lavorare senza limiti di formato e di definizione e di poter essere catalogati tramite un database con annesso motore di ricerca hanno permesso una vera e propria rivoluzione nell'archiviazione dei programmi TV, che temono sempre meno l'usura del tempo e il rischio di finire smarriti nei polverosi archivi delle emittenti. Allo stesso tempo, i video salvati su server – e dunque nativamente digitali – possono essere rapidamente convertiti in formati congeniali al web, consentendo alle emittenti di realizzare siti web che offrono *video on demand*, di generare video per YouTube o altre piattaforme con sforzi davvero minimi se paragonati al processo di digitalizzazione di una sorgente analogica.

L'emissione, invece, è il processo che avviene quando un programma viene trasmesso in diretta o, perché no, in differita. Nel caso delle dirette, emissione e registrazione avvengono in maniera parallela, al fine di non perdere tutto ciò che è stato mandato in onda una volta conclusosi il programma. Nel caso delle differite, invece, il video stoccato su di un server viene riprodotto e mandato in onda.

4.1 La sala di emissione

Dalla sala di regia, il flusso audiovisivo mixato giunge all'emissione. In molti casi, l'emissione è una sala di controllo situata nello stesso edificio dell'emittente, ma talvolta si trova in veri e propri *centri di emissione* situati in edifici lontani anche qualche chilometro dal luogo ove avviene la trasmissione. Si pensi, ad esempio, al Centro trasmittente di Milano – situato in Corso Sempione 27 – che si occupa non solo di emettere i programmi TV realizzati negli studi televisivi annessi, ma anche di mandare in onda ciò che viene realizzato negli studi di via Mecenate, situati a circa 7 km di distanza in linea d'aria, dall'altra parte della città. In Italia, per consentire la trasmissione dei contenuti regionali, ogni sede Rai locale è dotata di una sala di emissione che si occupa sia di trasmettere il segnale nazionale che di passare alle trasmissioni regionali o, come nel particolarissimo caso della Rai di Bolzano, di trasmettere ulteriori canali in lingua tedesca e ladina non visibili nel resto del Paese.

La sala di emissione è dunque collegata con tutti gli studi TV, ma non solo. Nel caso di canali privi di trasmissioni in diretta (si pensi ai numerosi canali tematici della televisione digitale) l'emissione non ha la necessità di effettuare dei collegamenti con degli studi TV, ma ha bisogno di una scaletta contenente tutti i materiali da mandare in onda, inclusi i break pubblicitari e gli eventuali *filler* (programmi riempitivi, solitamente video promozionali del canale o del network). Le redazioni dei canali, attraverso un apposito software, possono imbastire una scaletta trasmessa per via telematica all'emissione, che si occupa di organizzare la programmazione del canale. Solitamente, i programmi indicati dalla scaletta possono essere recuperati dal video server ma, qualora non vi fossero copie digitalizzate, il tecnico di emissione è costretto a mandare in onda una registrazione videomagnetica (comunemente su nastri *Betamax*). La redazione, in questi casi, si deve occupare anche di indicare *quale copia* utilizzare: poiché le copie su nastro magnetico sono soggette ad usura, le emittenti hanno quasi sempre a disposizione più copie di uno stesso audiovisivo, che devono essere periodicamente visionate e valutate.

La digitalizzazione ha permesso di ovviare a molte di queste problematiche, nonché a ridurre notevolmente il numero di persone necessarie per il processo di emissione. Ciononostante, la sala di emissione è sempre presidiata da almeno un operatore delle matrici e del *master control*[10], una sorta di mixer video che consente di scambiare il segnale proveniente dai vari studi televisivi e, soprattutto, capace di controllare il video server e gli eventuali videoregistratori. Come indicato in precedenza, la sala di emissione è anche il luogo dove ha sede l'ultimo *downstream keyer* che applica il logo del canale sull'immagine (in gergo detto *luminosa*), prima di inviarla al trasmettitore.

4.2 L'emissione della televisione digitale

Ai tempi della televisione analogica, le emittenti televisive avevano a disposizione una frequenza assegnatagli dagli organi governativi, sulla quale trasmettevano un solo canale. Dall'emissione, dunque, il segnale giungeva all'antenna dove veniva convertito in onde

---

[10] In alcuni casi, grazie all'elevatissimo livello di automatizzazione, un solo operatore di emissione gestisce più canali contemporaneamente, in particolare quando questi canali non prevedono dirette, come ad esempio avviene in numerosi canali tematici della televisione digitale.

42

elettromagnetiche ricevibili da un'antenna, o instradato su di un cavo per le trasmissioni della *cable TV*.[11]

Con l'avvento della televisione digitale, tra l'emissione e l'antenna entra in gioco uno strumento chiamato *encoder* o codificatore. Questo apparecchio si occupa di convertire il segnale audiovisivo in un flusso video digitale, comprimendolo secondo lo standard di compressione MPEG. A questo punto, il segnale compresso giunge a un *multiplexer* (abbreviato in *MUX*) che lo *incapsula* assieme ad altri segnali in un'unica frequenza. Grazie alla compressione e al multiplexing, la stessa frequenza che nella televisione analogica trasmetteva un solo canale, può ora trasmettere più canali. Naturalmen-

---

[11] La cable TV o televisione via cavo è ad oggi il sistema di diffusione della televisione terrestre più utilizzato negli Stati Uniti, dove il sistema via etere risulta essere molto poco diffuso. In Europa, al contrario, è la televisione via etere ad avere ottenuto il maggiore successo, con le eccezioni di Germania, Paesi Bassi e Regno Unito dove la cable TV ha una diffusione piuttosto ampia. In Italia, la televisione via cavo iniziò a diffondersi all'inizio degli anni Settanta, quando il monopolio Rai impediva alle televisioni private di trasmettere via etere. La società Telediffusione Italiana – Telenapoli riuscì nell'impresa di stendere 380 km di cavo per le vie del capoluogo partenopeo tra il 1966 e il 1971, diventando di fatto la prima televisione privata italiana, un anno prima della storica Telebiella. Entrambe le emittenti furono oscurate dal governo Andreotti nel 1973, ma fu l'inizio del lungo dibattito parlamentare che portò alla concessione delle frequenze per le emittenti locali nel 1976 (sentenza 202 della Corte Costituzionale) e alla celebre Legge Mammì del 1990, che diedero vita alle TV private via etere, interrompendo di fatto le sperimentazioni via cavo.

te, il segnale codificato deve essere riportato al suo stato iniziale per poter essere visualizzato su di un televisore. Per questo motivo, l'apparecchio televisivo atto alla ricezione del segnale deve disporre di un decodificatore, comunemente chiamato *decoder*. In alcuni casi – si pensi alle piattaforme a pagamento come Sky o Mediaset Premium – il segnale codificato è anche criptato: il decoder, in questo caso, deve disporre di una tessera a cui è associato un codice che abilita la decodifica del segnale.

4.3 L'emissione nello streaming

Lo streaming video è un processo di emissione di un flusso audiovisivo digitale che utilizza la rete Internet. Non parliamo, dunque, di un procedimento che fa uso di sale di emissione, trasmettitori e ricevitori, ma di una semplice connessione a Internet che, potenzialmente, consente di raggiunge qualunque dispositivo connesso, sia esso un computer, uno smartphone, un tablet, una console per videogiochi o una *smart TV*.

In realtà, nello streaming ciò che avviene a valle di tutto il procedimento di regia è molto simile a quanto accade nella televisione digitale. Ovvero: il flusso audiovisivo viene digitalizzato tramite un *encoder*, incapsulato e trasmesso sotto forma di flusso video digitale. Allo stesso modo, chi riceve il segnale lo decodifica al fine di poterlo trasformare da un mero flusso di dati in qualcosa di visibile. La differenza, oltre che nel *mezzo* usato per la trasmissione (il web), risiede nei formati utilizzati dallo streaming – che non si limitano al solo MPEG – e in una versatilità maggiore. Potremmo dunque affermare che tra lo streaming video e la televisione digitale vi siano differenze di *forma*, ma non di *sostanza*.

Se nella televisione digitale, come detto, la sala di emissione corrisponde a un altro reparto ed è gestita da tecnici specializzati, nello streaming le cose cambiano in maniera radicale: è infatti la regia ad emettere il segnale verso il web tramite un computer e un software, ed è dunque la regia ad essere responsabile della effettiva messa in onda dei programmi.[12] Questo aspetto ci obbliga ad affrontare alcuni argomenti più tecnici.

4.4 I parametri dell'audiovisivo digitale

Al fine di comprendere meglio le caratteristiche di uno streaming e, dunque, capirne l'eventuale *fattibilità*, è necessario parlare dei parametri dell'audiovisivo digitale, ossia della *ratio*, della *risoluzione*, del *frame rate* e del *bit rate*.

---

[12] Naturalmente, questo non avviene nel caso delle grandi produzioni: uno streaming di una diretta Rai, infatti, viene presumibilmente gestito da un tecnico localizzato nella sala di emissione.

4.4.1 La ratio

Il primo aspetto da tenere in considerazione riguarda il rapporto schermico, comunemente detto *storage aspect ratio*, *SAR* o, semplicemente, *ratio*. La ratio è il rapporto tra la larghezza e l'altezza del video. Sia in televisione che sul web, la ratio di gran lunga più diffusa è pari a 16:9 (il cosiddetto "sedici noni" o *widescreen*), che si adatta perfettamente al rapporto tra la base e l'altezza dei comuni schermi televisivi e del proprio PC. Un tempo, la ratio più diffusa era pari a 4:3, e tutt'oggi capita di trovarsi ad avere a che fare con filmati di repertorio realizzati con questo formato schermico. In televisione può accadere di vedere vecchi filmati "stirati" per adattarsi alla ratio 16:9, mentre nel web questo non accade, poiché i software consentono di riprodurre video di vari formati senza difficoltà e permettono, dunque, di rispettare le ratio originali.

4.4.2 La risoluzione

Se la *display aspect ratio* (DAR) ci indica il rapporto tra la base e l'altezza del video, la risoluzione ci indica le sue effettive dimensioni misurate in pixel. Un video in Full HD ha una risoluzione di 1920x1080 pixel, vale a dire 1920 pixel orizzontali per 1080 pixel verticali. Il rapporto tra la risoluzione orizzontale e la risoluzione verticale è detto *storage aspect ratio* o *SAR*, da non confondersi con la *display aspect ratio* di cui abbiamo appena parlato.

Nel formato Full HD, i video hanno una SAR pari a 16:9 (il rapporto tra 1920 e 1080 è pari a 16:9) e vengono riprodotti con una DAR di 16:9. In questo caso, si parla di un video con *pixel quadrati*. I vecchi DVD video europei, tuttavia, hanno una risoluzione di 720x576 pixel, il cui rapporto è pari a 4:3, ma vengono spesso riprodotti in formato 16:9. In altre parole, i DVD video hanno una SAR pari a 4:3 e una DAR pari a 16:9. Come è possibile? La risposta si trova in una proprietà assegnata al video digitale, detta *anamorfismo*. In breve: il video di un DVD, al momento della decodifica, indica al decodificatore di "schiacciare" i pixel dell'immagine in modo tale da mostrare un video in 16:9, anche se la risoluzione nativa del DVD ha un rapporto di 4:3. Riepilogando: se DAR = SAR, il video è codificato in *pixel quadrati*. Se DAR ≠ SAR, il video è *anamorfico*.

4.4.3 Il frame rate

Il frame rate è la velocità di riproduzione di un video, misurata in fotogrammi al secondo. Cinema, televisione europea e televisione americana ci hanno abituati alla proliferazione di tre frame rate, pari a 24, 25 e 30 fotogrammi al secondo. Possiamo affermare che la gran parte degli streaming avviene ad una di queste tre velocità, sebbene ultimamente stiano prendendo piede streaming a velocità maggiori. Il mondo dei videogiochi – in assoluto il contenuto più *streammato* sul web – ha sdoganato i 60fps (*frames per second*), obbligando molti provider di streaming e video on demand ad accettare anche questo frame rate. YouTube, ad esempio, supporta i video e streaming in 60fps dall'ottobre 2014.[13]

4.4.4   Il bit rate

Il bit rate indica la quantità di dati trasmessi da un flusso video digitale al secondo, e si misura in migliaia di bit (o kilobit) al secondo. Al momento della codifica, l'addetto allo streaming può determinare quale sia il livello di compressione del video assegnandogli un bit rate: minore è il bit rate, più il video risulterà compresso. E, naturalmente, maggiore è la compressione e minore sarà la qualità del video trasmesso.

Video con una scarsa compressione risultano sempre preferibili a video altamente compressi, ma chi realizza lo streaming deve sempre fare fronte ad alcuni limiti, dettati sia dall'infrastruttura di rete del luogo ove si effettua lo streaming, sia dalla strumentazione tecnica, sia dal pubblico a cui lo streaming viene rivolto.

---

[13] http://kotaku.com/youtube-finally-supports-60fps-and-it-looks-awesome-1652460542

Iniziamo dai limiti delle infrastrutture di trasmissione. Un video con un elevato bit rate richiede, anzitutto, una grande larghezza di banda. Ossia, la connessione a Internet utilizzata per lo streaming deve avere una banda in *upload* maggiore del bit rate impostato dagli addetti allo streaming. Una connessione ADSL, ad esempio, ha una banda in upload generalmente non superiore a 1024 kbit (1 megabit): l'operatore dello streaming con a disposizione una connessione di questo tipo è obbligato ad abbassare il bit rate del proprio flusso audiovisivo al di sotto di questa soglia, lasciando un certo margine per prevenire eventuali colli di bottiglia, ossia momenti in cui la saturazione della banda rende impossibile la trasmissione alla massima velocità possibile. Quando, invece, si dispone di una connessione a banda ultra larga (pensiamo, ad esempio, a una connessione in fibra ottica da 102.400 kbit, pari a 100 megabit di banda in upload) l'operatore può alzare il bit rate a valori molto alti. In questo caso, però, dovrà tenere conto delle proprie apparecchiature e del proprio provider: un elevato bit rate richiede infatti computer potenti e un provider capace di elaborare enormi flussi di dati.

Infine, è spesso necessario tenere conto di chi riceve il segnale. In una situazione tipica, il flusso inviato dalla regia giunge ad un server, che si occupa di inviarlo a tutti gli spettatori. Se la nostra trasmissione avviene ad un bit rate troppo elevato, alcuni spettatori con a disposizione una scarsa banda in *download* potrebbero incontrare delle difficoltà nel riprodurre il nostro video, trovandosi ad avere a che fare con continui caricamenti o con video che procedono a scatti. Così, se decidiamo di trasmettere un video a 10 megabit, dobbiamo considerare che chi dispone di una vecchia ADSL a 8 megabit (sfortunatamente ancora molto diffusa sul territorio nazionale) non riuscirà a vedere il nostro streaming senza incappare in svariate difficoltà tecniche.

Vi sono però due possibili soluzioni a questo problema: la prima, consiste nell'inviare contemporaneamente due o più flussi video a diversi valori di bit rate, in modo tale da offrire allo spettatore la possibilità di selezionare lo streaming più adatto alla propria connessione Internet. Ovviamente, l'invio di due flussi audiovisivi aumenta la quantità di banda utilizzata e richiede un maggiore sforzo da parte del computer che effettua la compressione del flusso video. La seconda soluzione, invece, consiste nell'affidarsi a un provider che offra la possibilità di comprimere ulteriormente il flusso video una volta giunto al server. Così facendo, chi effettua lo streaming non ha la necessità di utilizzare più banda per l'invio di un secondo flusso, mentre lo spettatore privo di banda ultra larga può selezionare una versione qualitativamente meno elevata dello streaming, mentre lo spettatore in grado di ricevere flussi video in alta qualità potrà goder-si lo spettacolo selezionando il flusso video nativo, cioè privo di compressioni ulteriori.

Nella televisione digitale via etere, la banda disponibile dipende in larga misura dalla tecnologia utilizzata (digitale terrestre o digitale satellitare). Una sola frequenza satellitare ha disposizione una banda di alcune decine di Mbit/s. Per questo motivo e grazie alla tecnologia del MUX, su di un'unica frequenza è possibile trasmettere più canali. Il numero esatto dei canali trasmissibili su di una frequenza è determinato dal bit rate di ciascun canale. Se, ad esempio, avessimo a disposizione una larghezza di banda di 20 Mbit/s (un valore tipico nella televisione digitale terrestre), potremmo trasmettere 10 canali da 2 Mbit/s ciascuno, o 20 canali da 1 Mbit/s. I canali in alta definizione occupano una larghezza di banda maggiore, per questo motivo alcuni operatori della televisione digitale premium applicano tariffe aggiuntive agli abbonati che desiderano avere accesso ai canali in HD.

Infine, è bene specificare che il bit rate può essere costituito da valori costanti o variabili. Un *bit rate costante* o CBR è un valore che non cambia nel tempo: tutto il flusso video viene trasmesso sempre allo stesso bit rate. Un *bit rate variabile* o VBR ha invece un valore minimo e un valore massimo, e varia a seconda dei contenuti video. Un video con un bit rate variabile, ad esempio, tende a raggiungere dei valori di bit rate vicini al massimo impostando quando si ha a che fare con sequenze particolarmente movimentate, in cui è necessario ridurre la compressione per massimizzare la qualità video. Viceversa, il bit rate scende in maniera importante quando le scene dell'audiovisivo si fanno molto statiche. La soluzione del bit rate variabile è molto utilizzata nella televisione digitale e negli streaming professionali, ma è meno popolare nello streaming a livello amatoriale in quanto sforza maggiormente i computer dediti all'encoding e può presentare alcuni problemi di ricezione (latenza e buffering, vedi in seguito).

4.5 Il codec

Come già accennato, qualunque audiovisivo digitale subisce un processo di codifica, detto *encoding*, che trasforma l'immagine e il suono in un *file*. Che sia un flusso audiovisivo per la televisione digitale (terreste o satellitare) o per uno streaming, il video e l'audio passano attraverso un *codec*. Il codec – crasi di *coder/decoder* – è un software che consente di codificare e decodificare un audiovisivo; in altre parole, il codec è presente sia sulla macchina che codifica il video, sia sulla macchina che lo decodifica. Nell'ambito consumer, il codec è un semplice programma installato sull'hard disk di un computer, mentre negli ambiti professionali e semipro-fessionali il codec può essere installato su di un chip dedicato e montato su di una macchina specificamente dedita alla codifica e alla decodifica dei video. Poiché il processo di codifica è piuttosto avido di risorse e poiché lo streaming consumer vede tra i suoi principali clienti i giocatori di videogames (software che richiedono grandi potenze di calcolo), anche in ambito consumer si stanno diffondendo schede grafiche a basso costo capaci di effettuare le codifiche senza appesantire i processori centrali dei computer, consentendo ai giocatori di potersi godere i propri videogiochi e, allo stesso tempo, di trasmettere o registrare un video della propria partita senza perdite prestazionali.

Una delle caratteristiche fondamentali del codec è data dalla sua capacità di comprimere i dati acquisiti. Il processo di digitalizzazione, infatti, genera un'enorme mole di dati, difficilmente gestibile dagli apparecchi consumer e – soprattutto – dalla larghezza di banda delle connessioni a Internet e delle frequenze via etere. Per questa ragione, ogni codec ha la capacità di ridurre il *peso* di ogni file o, se vogliamo, di ogni flusso audiovisivo digitale. Esistono tuttavia due tipologie di codec, dette *codec lossless* e *codec lossy*.

Il *codec lossless* è un codec che comprime il file originale, ma che può riportarlo al suo stato originale nel processo di decodifica. In breve, il *codec lossless* non presenta perdite di dati nel processo di codifica, e restituisce un file identico all'originale durante la decodifica. Evidentemente, questo tipo di codec consente una compressione limitata dei dati, ed è dunque poco indicato quando si ha la necessità di ridurre il peso di un file di qualche ordine di grandezza. Allo stesso modo, mantenendo la qualità originale, questi codec sono molto utili nel caso in cui si debba lavorare senza perdita di qualità, ad esempio durante le fasi di lavorazione di una grande produzione cinematografica.

Il *codec lossy*, al contrario, comprime il file originale eliminando alcuni dati, ed è dunque incapace di riportarlo al suo stato originale. In seguito a una compressione *lossy*, si ha sempre una perdita di qualità, in quanto il file ottenuto è un'approssimazione del file originale. Grazie ad alcuni algoritmi, tuttavia, i moderni codec lossy sono in grado di fornire qualità più che accettabili a fronte di una compressione elevatissima. Un esempio celebre del successo di questa tecnologia si riscontra nel campo dell'audio, quando il formato mp3 – introdotto nel 1993 – permise (o, forse, causò) una vera e propria rivoluzione nell'ambito della diffusione della musica via web. Grazie al codec mp3, interi album musicali che su CD pesavano circa 700 megabyte potevano ridursi di circa dieci volte il proprio peso originario, risultando più facilmente distribuibili via web, anche con le primitive (e lentissime) connessioni a Internet del tempo, il tutto con una perdita di qualità più che accettabile per la gran parte degli utenti. Nel campo del video streaming, la compressione ottenuta grazie ai moderni codec lossy consente di passare dai 2,99 Gbit (circa 3000Mbit) al secondo di un video Full-HD non compresso a circa 12Mbit al secondo, pari ad una riduzione del bit rate di circa 250 volte.

4.5.1 I tipi di codec video nella televisione e nello streaming

Esistono decine di codec video lossy e lossless che si sono alternati – con diversi gradi di successo – nel corso della storia dei video digitali.[14] Anche se nel campo del montaggio video si fa largo uso di vari codec, possiamo affermare che nel mondo della televisione digitale e dello streaming video i codec utilizzati si riducono a una lista piuttosto limitata.

In primo luogo, per le ragioni espresse poco sopra, sia nella televisione digitale che nello streaming non si fa uso di codec lossless. La banda a disposizione è limitata, e le tecnologie attuali non permettono di trasmettere e ricevere *in tempo reale* i voluminosi flussi lossless. Persi-

---

[14] Per una lista esaustiva dei codec:
https://en.wikipedia.org/wiki/List_of_codecs

no nei cinema, dove i proiettori digitali hanno gradualmente sostituito le pellicole con i file, i file lossless risultano poco pratici.

Così, i codec lossy sono i più diffusi in questo campo. E, nello specifico, una famiglia di codec denominata *MPEG* domina il mercato. Il codec MPEG – nelle sue varie iterazioni – è il codec utilizzato dalla televisione digitale terrestre, ma anche dai DVD e dai Blu-Ray video. Anche nel campo dello streaming video il codec MPEG è estremamente diffuso: è il codec di YouTube, di Twitch, di Facebook e dei più importanti servizi di streaming, e sta gradualmente sostituendo il formato VP6 in seguito all'abbandono del software Macromedia Flash da parte dei principali web browser.

La stragrande maggioranza dei contenuti video trasmessi via web e i contenuti in alta definizione della TV digitale terrestre e satellitare fanno uso di un'iterazione del codec MPEG denominata MPEG-4 AVC o H.264. Si tratta di un sistema di codifica sviluppato a partire dal 1998, che consente un'eccellente qualità a fronte di una compressione molto elevata. La televisione digitale in definizione standard, invece, fa uso del codec MPEG-2 ma, entro

Il graduale passaggio all'ultra alta definizione anche nel campo della televisione digitale e dello streaming ha obbligato alla ricerca di codec ancora più performanti. La banda di un canale satellitare è infatti ancora molto limitata e, a meno di non sostituire o aggiornare l'intero parco satelliti in orbita attorno al nostro pianeta, con le attuali tecnologie la trasmissione via etere di contenuti in risoluzione 4K è estremamente limitata. Per questa ragione, al momento le televisioni che offrono contenuti in diretta in ultra alta definizione hanno optato per soluzioni ibride, in cui la visione dei canali via etere si alterna alla visione di canali via internet. È il caso, ad esempio, della piattaforma Sky, che con il decoder Sky Q consente di vedere alcuni contenuti in 4K, ma solo se connesso a Internet: le dirette in Ultra Alta Definizione di Sky, infatti, al momento viaggiano esclusivamente via web e non attraverso le frequenze satellitari. La soluzione a questo problema, però, è già in lavorazione, e prende il nome di HEVC – High Efficiency Video Codec, noto anche come H.265, un codec che promette una compressione estremamente efficiente, in particolare per quanto riguarda i contenuti in risoluzione 4K. Anche se la tecnologia è ancora in via di sviluppo e scarsamente diffusa, dal 1° gennaio 2017 tutti i televisori venduti in Italia devono essere compatibili con il sistema HEVC. Entro il 2030, infatti, si assisterà a un graduale spegnimento di tutti i canali digitali in tecnologia MPEG-2: assisteremo quindi a una nuova rivoluzione della TV digitale, non dissimile da quella avvenuta con lo switch-off della televisione analogica avvenuta in Italia il 4 luglio 2012.

4.5.2 I tipi di codec audio nella televisione e nello streaming

Per ovvie ragioni, anche la traccia audio dei video trasmessi via streaming o attraverso la televisione digitale fanno uso di un codec. Rispetto al video, l'audio digitale non compresso ha un bit rate inferiore di diversi ordini di grandezza. Di conseguenza, i codec lossless sono molto più utilizzati a livello consumer e sono stati utilizzati in alcuni servizi streaming di alta qualità. Ciononostante, nella televisione digitale e nello streaming video, ancora una volta, sono i codec lossy a dominare il mercato.

Nel caso dell'audio, i codec più diffusi nello streaming sono due: *MP3* e *AAC*. Il codec MP3, di cui abbiamo già parlato, è il celebre codec che ha dato vita alla rivoluzione della distribuzione digitale della musica. Grazie all'ottimo rapporto compressione/qualità, questo codec è molto diffuso a livello consumer e viene talvolta utilizzato negli streaming video, ma mai nella televisione digitale. Il codec AAC (*Advanced Audio Coding*) è il suo diretto successore: offre un rapporto compressione/qualità per molti versi migliore e, soprattutto, supporta più di 5.1 canali consentendo la trasmissione di audio compatibili con gli impianti home theatre. Il codec AAC è ormai il codec standard della televisione digitale, e trova un larghissimo impiego nello streaming video.

4.5.3   Il formato contenitore multimediale

Audio e video hanno la necessità di combinarsi e sincronizzarsi per creare un audiovisivo. Per ottenere ciò, la traccia audio e la traccia video vengono "inscatolate" in un unico file/flusso, detto *formato contenitore multimediale*. Il formato contenitore multimediale, solitamente semplificato in "formato", indica al decoder come interpretare i contenuti, ossia come leggere la traccia audio e la traccia video e come sincronizzarle fra loro. In alcuni casi, il file può contenere più di una traccia audio, come nel caso dei programmi con audio multilingua. Allo stesso tempo, il formato contenitore multimediale contiene tutti i *metadata*, ossia le informazioni relative all'audiovisivo (titolo, regista, anno di produzione, eccetera) o, in TV, la cosiddetta *EPG* (la guida elettronica ai programmi). Infine, può contenere anche una o più tracce sottotitoli, anch'esse sincronizzate con l'audiovisivo.

Alta definizione o alta risoluzione?

Il concetto di *alta definizione* è spesso erroneamente legato al solo concetto di risoluzione. In realtà, la questione è leggermente più complessa: da un lato, è vero che un video con una risoluzione di 1920x1080 pixel possiede una condizione necessaria per essere catalogato come video in alta definizione, ma tale condizione non è sufficiente. Il bit rate e il codec, infatti, giocano un ruolo fondamentale nel determinare la qualità di un video e, conseguentemente, la sua appartenenza o meno al mondo dell'alta definizione.

Il problema è che, se tutti sono d'accordo sulla risoluzione di un video in alta definizione, esistono scuole di pensiero molto diverse quando si parla di bit rate e codec. Vi è chi considera alta definizione i video con bit rate superiore a 15 Mbit/s se codificati in MPEG-2 e superiori a 9 Mbit/s se codificati in MPEG-4, valori solo di rado raggiunti dalla televisione e dagli streaming video. Un canale come Rai 1 HD, ad esempio, trasmette a 7 Mbit/s circa in MPEG-4, mentre Canale 5 HD trasmette a un valore medio di 6 Mbit/s

Esistono svariati formati contenitori multimediali. I più diffusi a livello consumer sono *AVI*, *MOV*, *MP4* e *MKV*, formati utilizzati per file da archiviare. Nella televisione digitale, invece, si utilizza il formato *TS MPEG*, un formato pensato specificamente per la trasmissione di dati (TS è l'acronimo di *transport stream*). Per quanto concerne lo streaming video via web, infine, il formato più diffuso è *MP4*, sebbene non sia raro imbattersi nei vecchi formati VP6 e FLV. Come detto, ognuno di questi formati contiene (almeno) una traccia audio e una traccia video; pertanto, in un file MP4 è assai comune trovare una traccia video in H.264 e una taccia audio in AAC.

4.6 L'infrastruttura di rete nello streaming

Come detto, lo streaming di un audiovisivo prevede la codifica del flusso audio/video tramite un codec, con lo scopo di creare un file. Questo file viene dunque trasmesso via Internet e ricevuto da un apparecchio che lo decodifica e lo mostra su di uno schermo. A seconda della tipologia di streaming, il flusso può compiere vari percorsi prima di giungere alla decodifica.

Nella tipologia di streaming più semplice, il computer trasmettitore dialoga direttamente con il computer ricevitore, attraverso la rete Internet. Questo streaming, di tipo *one-to-one*, è frequente negli impianti di videosorveglianza ed è alla base di quei software studiati per comunicare attraverso un video, come ad esempio Skype o Face Time. Il flusso è indirizzato ad un solo spettatore.

In un altro caso, il flusso viene inviato direttamente a tutti coloro i quali ne fanno richiesta. In altre parole, il computer trasmettitore invia un flusso video verso ciascuno degli spettatori. Questo sistema consente uno streaming chiuso e controllato, in cui chi trasmette può escludere dalla ricezione una o più persone. Lo svantaggio è che, per ogni flusso inviato, chi trasmette deve allocare una certa quantità di banda, con il rischio di giungere rapidamente alla saturazione della rete. Se, ad esempio, abbiamo a disposizione una connessione da 10 Mbit/s in upload e il nostro flusso è codificato a 1 Mbit/s, si potranno raggiungere al massimo dieci persone, dopodiché lo streaming diventerà inservibile a meno di non ridurre il bit rate o di affidarsi ad un provider che offra una maggiore larghezza di banda. Per questa ragione, questa tipologia di streaming ha una sua applicazione solo nelle televisioni a circuito chiuso, dove si preferisce affidarsi a una rete locale (Intranet) anziché a una rete aperta (Internet) e dove la larghezza di banda non rappresenta quasi mai un problema.

Nel terzo caso – di gran lunga il più comune – chi effettua lo streaming invia un solo flusso a un server remoto che si occupa di duplicare il segnale e inviarlo a chiunque ne faccia richiesta. Se vi sono cento spettatori, chi trasmette invia il proprio flusso al server, il quale lo duplica cento volte e invia un flusso a ciascuno dei cento spettatori. Questo sistema consente di raggiungere grandi numeri di persone anche con larghezze di banda relativamente modeste. I server remoti, infatti, dispongono di larghezze di banda molto elevate, mai raggiunte dalle reti domestiche, e dunque non hanno alcun problema a moltiplicare un flusso centinaia o migliaia di volte. Per accedere a questo tipo di servizio, però, occorre affidarsi a un provider: ne esistono numerosi a pagamento e, da qualche anno, sono presenti anche servizi gratuiti affidabili e di eccellente qualità.

4.7 I provider dello streaming

Prima di giugno 2011, vi erano pochi provider dediti allo streaming video, solitamente a pagamento e dai costi quasi proibitivi per un utente consumer. Lo streaming, in altre parole, era in larga misura accessibile solo alle aziende o alle istituzioni. Nonostante vi fossero servizi disponibili a prezzi piuttosto accessibili o, addirittura, gratuiti (ma con grosse limitazioni sul numero massimo di spettatori raggiungibili e bulimici di pubblicità), lo streaming non era ancora un fenomeno di massa. Con l'arrivo della banda ultra larga e la presenza di processori grafici più potenti e più economici, sempre più consumatori iniziarono ad interessarsi al mondo dello streaming. Pionieri come Justin.tv offrivano già da tempo un servizio gratuito ai primi timidi creativi dello streaming, ma la vera rivoluzione avvenne nell'estate del 2011, quando da una costola di Justin.tv nacque Twitch.tv.

Curiosamente, furono i giocatori di videogiochi a dare la spinta più importante al mondo dello streaming video a livello consumer. Twitch.tv, infatti, è una piattaforma nata nel 2011 dalle ceneri di un sito chiamato Justin.tv e pensata per trasmettere e guardare partite ai video games. Grazie a questo servizio, un numero sempre più elevato di giocatori iniziò a mostrare online le proprie partite, spesso commentandole con l'ausilio di una webcam e di un microfono. Alcuni di questi giocatori iniziarono ad avere un seguito di alcune decine di migliaia di persone, fino a diventare dei personaggi del web e, in seguito, dei veri e propri professionisti mantenuti attraverso accordi pubblicitari, sponsorizzazioni o donazioni da parte degli stessi spettatori. Nacquero persino i neologismi *streamer*, per indicare una persona dedita alla trasmissione delle proprie partite via Internet, e il verbo *streammare*, per indicare l'atto di trasmettere un video in diretta via web. Oggi, Twitch.tv è un sito estremamente popolare: è fra i primi cinque siti internet per traffico negli Stati Uniti, è proprietà del colosso dell'e-commerce Amazon e vanta circa un milione di spettatori al giorno[15] e due milioni di *streamer* al mese, con un impressionante tempo di visione medio per

---

[15] https://www.businessinsider.com/twitch-is-bigger-than-cnn-msnbc-2018-2?IR=T

spettatore di oltre 100 minuti al giorno.[16] Il servizio è totalmente gratuito per chi trasmette, gratuito per chi riceve e offre dei pacchetti a pagamento che consentono di finanziare il proprio *streamer* preferito o di godere del servizio senza alcuna pubblicità. Per regolamento, tuttavia, su Twitch.tv è possibile trasmettere solo programmi a tema videoludico (siano essi partite, tornei o talk show) o creativo (pittura, composizione musicale, cucina, eccetera).

Il più importante provider di video on demand, YouTube, rispose alla crescente popolarità dello streaming attivando un servizio nel marzo del 2010. Si trattava, tuttavia, di un servizio sperimentale, rivolto solo ad enti e associazioni selezionate. Nel 2010 furono trasmesse alcune partite del campionato indiano di cricket, e la sperimentazione venne gradualmente estesa a tutti gli utenti. YouTube, tuttavia, commise alcuni gravi errori nel promuovere il suo servizio: l'accesso allo streaming era difficoltoso, poco chiaro e presentava alcuni limiti tecnici importanti. Inoltre, YouTube disponeva di un controllo di protezione del copyright a maglie molto strette, che terminava senza preavviso le trasmissioni di chi – apparentemente – stava violando il diritto d'autore. Il problema è che questo sistema era fin trop-

---

[16] Statistiche aggiornate a ottobre 2016:
https://www.twitch.tv/p/about

po restrittivo, e furono segnalati alcuni casi di chiusure o sospensioni di canali YouTube che avevano seguito le regole (celebre, ad esempio, fu il caso dell'interruzione di un torneo ufficiale di un videogioco, organizzato dalla lega ESL, per presunta violazione di copyright). La cosa spaventò molti utenti e, soprattutto, spaventò i giocatori di videogiochi, ossia la grande fetta del mercato degli *streamer*. Nel 2015 YouTube provò a rispondere a Twitch.tv lanciando la piattaforma YouTube Gaming, che tuttavia non riuscì mai davvero a decollare. Oggi YouTube è un servizio molto affidabile e, soprattutto, non limitato al solo mondo dei videogiochi: molti dei problemi tecnici presenti fino al 2015 sono stati superati, e il sistema di controllo della violazione del copyright funziona molto meglio di un tempo. Il servizio è completamente gratuito per chi trasmette e per chi riceve, ed esistono dei piani a pagamento per evitare gli annunci pubblicitari. Tuttavia, esistono ancora dei grossi limiti legati al motore di ricerca della piattaforma, che mescola i video dal vivo con i video on demand, penalizzando le dirette.

Il terzo, grande provider dello streaming è Facebook, attraverso il servizio Facebook Live integrato nella piattaforma. Verso la metà del 2015 il celebre social network sperimentò le prime trasmissioni in streaming offrendo il servizio alle celebrità e ad alcuni giornalisti selezionati. Quindi, nel corso del 2016, il servizio venne esteso a tutti gli utenti. Grazie ad una totale compatibilità con le telecamere dei cellulari e a una facilità d'uso estrema, Facebook è riuscita a dare un'ulteriore popolarità allo streaming, che oggi è potenzialmente accessibile gratuitamente a chiunque abbia uno smartphone e un account alla piattaforma di Mark Zuckerberg. Uno dei difetti degli streaming di Facebook Live è che non esiste un motore di ricerca delle dirette, ma la visione viene annunciata via notifica a tutti gli iscritti alla pagina su cui viene trasmesso lo streaming. Inoltre, la diretta video via PC (e dunque senza l'ausilio di un cellulare) è attualmente disponibile per le aziende tramite le pagine ufficiali, ma non per le persone. Il servizio, tuttavia, è così popolare che persino i capi di stato hanno iniziato a farne uso: in Italia – dove lo streaming è stato sdoganato come strumento di propaganda politica dal Movimento 5 Stelle – il primo utilizzo del servizio streaming di Facebook da parte di Matteo Renzi risale ad aprile 2016.

Un altro servizio gratuito di streaming che gode di buona popolarità è Periscope. Acquisito dal social network Twitter, questo servizio consente di realizzare delle dirette in mobilità, esclusivamente attraverso il cellulare con una app dedicata. Il servizio ha visto una crescente popolarità verso la fine del 2015, per poi subire una brusca frenata con l'arrivo di Facebook Live. Infine, si segnala anche l'avvento del servizio di streaming video via Instagram a partire dall'estate del 2017, che ha introdotto un formato schermico verticale, evidentemente studiato per privilegiare gli streaming da smartphone.

Oltre a questi quattro popolari servizi gratuiti, su Internet sono disponibili numerosi servizi *premium* dai costi che variano dalle poche decine di euro al mese, fino a pacchetti professionali molto costosi. Vi sono poi servizi minori gratuiti, talvolta settoriali (sulla falsariga di Twitch.tv), talvolta generalisti. Insomma: lo streaming video è oggi accessibile a tutti i mercati, dall'utente finale fino alla grande azienda.

4.7.1   Lo streaming adattivo

Oltre alla diffusione capillare degli streaming, i provider consentono di raggiungere anche quel pubblico che non dispone di una larghezza di banda sufficiente a visualizzare il nostro streaming. Se, ad esempio, trasmettiamo un flusso a 5 Mbps, tutti gli utenti in possesso di una connessione a banda inferiore a 5 Mbit sono teoricamente esclusi dalla visione del nostro streaming. Per ovviare a questo problema, i provider fanno uso di una tecnologia detta *adaptive bitrate streaming*: si tratta di un sistema che ricomprime il video originale per offrirlo allo spettatore nella massima qualità concessa dalla sua larghezza di banda. Grazie a questo sistema, uno spettatore con una banda di 2 Mbit può comunque vedere il nostro video originariamente trasmesso a 5 Mbps, poiché esso viene ricodificato dal provider e offerto allo spettatore con una maggiore compressione. Le tecnologie più moderne consentono di variare la compressione in tempo reale e in maniera automatica, a seconda dello stato della rete dello spettatore. Questo, ad esempio, avviene con i video on demand di Netflix, dove può capitare di vedere i primi secondi di un film in qualità più bassa per poi vederla migliorare nel corso della visione: questo avviene perché Netflix, anziché obbligare lo spettatore a lunghi tempi di caricamento, preferisce inviare istantaneamente un flusso in qualità bassa per poi adattarlo dopo qualche secondo alla larghezza di banda dello spettatore.

4.8 La configurazione di uno streaming

Ogni streaming, al fine di poter essere avviato, necessita di una configurazione. Alcuni servizi, come Periscope e Facebook Live per cellulari, effettuano una configurazione automatica e non necessitano dunque di alcun intervento da parte dell'utente, oltre alla semplice pressione di un tasto per andare in onda. In tutti gli altri casi, chi effettua la trasmissione si imbatte in alcuni parametri che necessitano di essere impostati tramite un software dedicato allo scopo.

Gran parte dei parametri sono già stati indicati in questo capitolo: al fine di realizzare uno streaming, chi trasmette deve impostare la risoluzione del video, il frame rate, il bit rate, selezionare il codec audio e il codec video. Ognuno di questi parametri deve essere calcolato in base alle esigenze e disponibilità di chi trasmette, del provider a cui ci si appoggia e, in alcuni casi, di chi riceve. Allo stesso modo, ogni parametro deve essere commisurato al risultato che si intende ottenere. Nello specifico, è opportuno fare in modo che il bit rate sia regolato in funzione della risoluzione e del frame rate: alte risoluzioni ed elevati frame rate richiedono alti bit rate, mentre le basse risoluzioni e i frame rate standard richiedono meno risorse. Sebbene il codec sia determinante nel calcolare quali siano i bit rate corretti in ogni casistica, nella maggior parte dei casi (ossia con uno streaming codificato in H.264) si può fare riferimento alla seguente tabella:

Risoluzione	Frame Rate	Bit Rate adeguato
426x240	25/30 fps	350 Kbps
640x360	25/30 fps	500 Kbps
854x480	25/30 fps	700 Kbps
1280x720	25/30 fps	2.100 Kbps
1280x720	60 fps	3.500 Kbps
1920x1080	25/30 fps	4.000 Kbps

1920x1080	60 fps	6.000 Kbps
2560x1440	30 fps	10.000 Kbps
2560x1440	60 fps	14.000 Kbps

I valori sono indicativi, e variano in funzione della tipologia di contenuto trasmesso. Una diretta di una conferenza, ad esempio, necessita di un bit rate meno elevato di un evento sportivo, dove i rapidi movimenti dei soggetti inquadrati potrebbero portare a un deterioramento dell'immagine. In generale, dunque, questi valori possono essere modificati di circa +/- 25%, a seconda delle esigenze.

In alcuni casi, è possibile attivare un'opzione che permette la variazione del bit rate nel tempo. In questo caso si assegna un valore medio di bit rate, e il software si occupa di aumentarlo e abbassarlo a seconda della complessità della scena in onda. Questo sistema, detto *VBR* (variable bit rate) e contrapposto al *CBR* (constant bit rate) può risultare molto utile, ma richiede una maggiore potenza di calcolo da parte del computer che effettua l'encoding e una disponibilità di banda sufficiente per supportare i picchi di bit rate attivati durante le sequenze più movimentate.

Ricordiamo, inoltre, che all'aumentare del bit rate, della risoluzione e del frame rate aumenta la potenza di calcolo richiesta per effettuare la codifica. Un personal computer privo di un processore di ultima generazione (Intel i7 o equivalente) fatica a codificare oltre i 5000 Kbps a risoluzioni superiori a 1280x720 a 60 frame al secondo, e per le risoluzioni superiori come il 2K e il 4K occorrono processori di potenza molto elevata e schede grafiche dedicate. In altre parole: lo streaming in ultra alta definizione è ancora relativamente inaccessibile a livello amatoriale.

Oltre ai parametri di cui sopra, è necessario impostare anche i parametri di trasmissione legati al server. Ossia, è necessario indicare al programma *dove* indirizzare il flusso audiovisivo. Per fare ciò, si utilizzano un indirizzo web (detto *stream URL*) e una chiave di codifica (detta *stream key*). La *stream URL* è l'indirizzo web del server verso cui avviene la nostra trasmissione, solitamente introdotto dal protocollo *rtmp* o *rtsp* (ad esempio rtmp://www.nomedelserver.com/streaming). La chiave di codifica, invece, è costituita da una serie di caratteri alfanumerici che identifica il nostro streaming. Molti servizi di streaming condividono la stessa *stream URL* (ad esempio Facebook usa rtmp://rtmp-api.facebook.com:80/rtmp/), ma ogni streaming ha una chiave unica. Le chiavi di streaming vengono sempre assegnate dal provider, solitamente attraverso un pannello di controllo disponibile via browser.

In alcuni casi, infine, il provider può richiedere un nome utente e una password, richiesti al momento della connessione al server attraverso una schermata di log-in. Questo sistema, talvolta utilizzato da alcuni provider che offrono soluzioni professionali, è assente nei provider come Facebook Live o Twitch.tv, che prediligono il sistema basato sulla *stream key* e reputano ridondante un ulteriore sistema di sicurezza basato su nome utente e password.

5. Lo streaming: come fare

In questo breve capitolo affronteremo la procedura per trasmettere un flusso audiovisivo attraverso i tre principali provider utilizzati a livello consumer: You-Tube, Facebook e Twitch. Anche se lo streaming può essere realizzato via smartphone attraverso le app ufficiali dei provider in questione, in questo caso ci occuperemo della trasmissione attraverso un PC, presumibilmente collegato a un mixer video e dunque in un ambiente di lavoro semi-professionale. La procedura per codificare e inviare un flusso e decisamente meno intuitiva di quella offerta dalle app ufficiali, e pertanto merita un approfondimento.

5.1 Creare uno streaming

Per attivare uno streaming è necessario acquisire i parametri necessari alla trasmissione, ossia l'URL del server e la chiave di streaming, oltre a tutti gli eventuali parametri di bitrate, risoluzione, frame rate e codec richiesti dal provider. Quando si utilizzano servizi professionali, solitamente si ha a disposizione una corposa documentazione sui parametri da seguire. Nel caso dei provider come YouTube, Facebook e Twitch, invece, c'è una procedura da seguire che – pur essendo in costante cambiamento a causa degli aggiornamenti operati dai provider – è sostanzialmente immutata negli ultimi 2 anni. Per questo motivo, riteniamo utile realizzare una breve guida per attivare uno streaming su questi tre popolari canali.

5.1.1   Lo streaming via YouTube

Il servizio streaming di YouTube richiede la presenza di account verificato. Per ottenerlo, è sufficiente creare un account su YouTube (o entrare con le proprie credenziali Google) e visitare il sito www.youtube.com/verify, dove si esegue una semplice verifica dell'identità della persona che sta trasmettendo attraverso l'utilizzo di un codice inviato via SMS al proprio numero di cellulare. Si tratta di una misura di sicurezza introdotta da Google per poter verificare che dietro ad ogni account vi sia effettivamente un umano e contenere l'eventuale trasmissione di contenuti illegali o coperti da copyright. Una volta ottenuta la verifica dell'account, è sufficiente cliccare sull'icona del proprio account in alto a destra, e quindi selezionare "Creator Studio". Da qui si seleziona "Live Streaming" dalla colonnina di sinistra, per accedere a una semplice interfaccia dove inserire il titolo e la descrizione del nostro streaming, oltre alla categoria della nostra diretta e alla privacy di visualizzazione. Per i test è consigliabile impostare la privacy su "Privato" o "Non in elenco", per evitare che occhi indiscreti vedano le vostre prove.

In basso, troviamo le voci "URL del server" e "Nome/chiave dello stream". La prima, da alcuni anni, riporta l'indirizzo rtmp://a.rtmp.youtube.com/live2, mentre la seconda è una vera e propria password univoca e da non diffondere pubblicamente. Cliccando su "Mostra" si visualizza la chiave di streaming, che è opportuno annotare prima della trasmissione (fig. 1). Di norma le chiavi di streaming variano ad ogni nuova trasmissione, pertanto è necessario ricopiare la nuova chiave di streaming ogni volta che si intende iniziare una trasmissione.

Figura 1

Anche se vedremo nei paragrafi successivi come effettivamente trasmettere il flusso audiovisivo, è bene ricordare che dalla pagina "Live Streaming" di YouTube è possibile visualizzare un'anteprima della trasmissione in corso, oltre a una serie di utili statistiche sul numero di persone connesse e una chat. Pertanto, è opportuno tenere la pagina sempre aperta durante la trasmissione.

In alternativa, cliccando sulla voce "Eventi" nella colonna sinistra, poco sotto "Live Streaming", è possibile pianificare un evento in diretta. In questo modo, è possibile informare gli spettatori di un live programmato, e dunque generare un link già visibile prima dell'effettiva messa in onda del programma, con un countdown tarato sull'ora di inizio della diretta. Questa funzionalità è di gran lunga la più usata a livello professionale: sono infatti numerosi i clienti che chiedono di avere a disposizione un link alla diretta ore o giorni prima dell'inizio delle trasmissioni.

Utilizzando questa funzionalità le cose si complicano leggermente: una volta cliccato su eventi e su "Pianifica un nuovo evento" è necessario inserire, oltre al titolo e alla descrizione dello streaming, anche la data e l'orario di inizio. A questo punto è necessario individuare la voce "Tipo" e spuntare la casella "Personalizzato", al fine di inibire l'utilizzo di Google Hangout che vanificherebbe la nostra configurazione professionale utilizzando il sistema di trasmissione proprietario di Google. Cliccando su "Crea evento" compare una schermata in cui si legge "Videocamera principale". Google, infatti, permette di effettuare uno streaming in simultanea da più punti di vista, consentendo allo spettatore di cambiare telecamera in qualsiasi momento. Si tratta, però, di una funzionalità che non affronteremo in questo testo; ci limitiamo dunque a selezionare la voce "Chiave di stream monouso" e, se vogliamo, ad aggiungere una miniatura, ossia un'immagine di anteprima utile per ottenere una maggiore (e più elegante) diffusione dello streaming nel motore di ricerca di YouTube. Più in basso, alla voce "Nome Stream", annotiamo la nostra chiave di streaming, mentre alla voce "URL Server Principale" troviamo il consueto indirizzo del server di streaming, anch'esso da annotare.

Premendo "Salva modifiche" si memorizzano le impostazioni: a questo punto è possibile passare alla "Cabina di regia degli eventi dal vivo", il cui link si trova in alto. Da questa pagina si controlla l'effettiva messa in onda dello streaming, ma le funzionalità risultano attive soltanto dopo avere inviato un flusso audiovisivo al server. Pertanto, rimandiamo questo passaggio ai paragrafi successivi.

YouTube, gratuito e versatile, ha come grande vantaggio la possibilità di poter continuare uno streaming in caso di un problema di rete. La sua ottima infrastruttura di rete basata sulla tecnologia dello streaming adattivo (cfr. par. 4.7.1) consente di diffondere la diretta a prescindere dalla banda a disposizione dello spettatore, offrendo diversi bitrate e diverse risoluzioni, fino a raggiungere la risoluzione 4K. Pertanto, è una soluzione indicata per tutti quegli streaming che richiedano una buona affidabilità anche in caso di connessioni lente o inaffidabili, sia dal lato di chi trasmette che dal lato di chi riceve. Per contro, è evidente che Google non ha intenzione di promuovere i contenuti in diretta di YouTube, preferendogli i consueti contenuti on demand: se state cercando di raggiungere un nuovo pubblico, YouTube potrebbe non essere la soluzione più indicata per i vostri streaming.

5.1.2   Lo streaming via Facebook

Il colosso dei social network offre la possibilità di trasmettere contenuti in diretta dai profili personali soltanto attraverso gli smartphone. Per una trasmissione professionale, dunque, siamo obbligati ad appoggiarci ad una pagina Facebook di cui possediamo i diritti di pubblicazione.

Una volta entrati nella nostra pagina Facebook, è necessario cliccare in alto su "Strumenti di pubblicazione", quindi a sinistra su "Libreria video". A questo punto si seleziona il pulsante "In diretta". A questo punto si mette una spunta alla voce "Usa una chiave per lo streaming permanente" e si prende nota dell'URL del server (di norma rtmp://live-api-s.facebook.com:80/rtmp/) e della chiave di streaming generata.

Nella colonna di destra è possibile inserire il titolo del video, il copy che apparirà come post su Facebook una volta iniziata la diretta e le tag per una migliore indicizzazione del video. Quando il server inizierà a ricevere il nostro flusso audiovisivo, il pulsante "Trasmetti in diretta" diventerà cliccabile. In alternativa, è possibile premere il pulsante "Programma" per inserire la data e l'orario di inizio della diretta, avvisando così gli spettatori con un po' di anticipo (fig. 2).

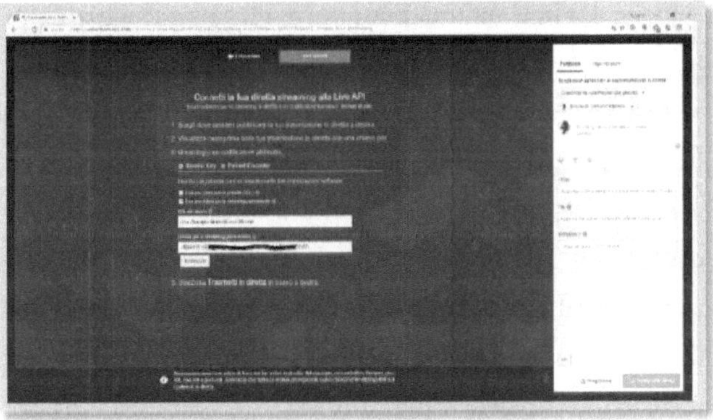

Figura 2
La chiave di streaming permanente è stata censurata

Facebook offre uno streaming di facile configurazione, ma con alcune limitazioni: ad esempio, non è possibile realizzare dirette più lunghe di 4 ore,[17] e un'interruzione prolungata nella trasmissione del flusso audiovisivo dovuta a un problema di rete potrebbe comportare la prematura interruzione della diretta, con la necessità di ripetere tutta l'operazione di cui sopra prima di poter ricominciare a trasmettere. Infine, le dirette Facebook vengono ricodificate a una risoluzione di 1280x720 a 30 fps, più che sufficiente per gli streaming di conferenza, per i format televisivi e i concerti, ma poco indicate per le dirette sportive o videoludiche.

5.1.3   Lo streaming via Twitch

Benché Twitch sia una piattaforma legata principalmente al mondo del gaming, con la sua enorme community settorializzata è il sito dedicato agli streaming video più frequentato al mondo. Non è consigliabile fare uso di Twitch per eventi che si allontanino dal mondo dei video games, ma di recente l'azienda californiana ha iniziato a cambiare le proprie policy ammettendo contenuti che si discostano almeno in parte dall'argomento principale della piattaforma, complice anche l'acquisizione miliardaria da parte di Amazon. Così, an-

---

[17] In realtà è possibile realizzare una diretta superiore alle 4 ore di durata se si sceglie di non salvarla una volta terminata, perdendo dunque la possibilità di rivederla in replica. Qualora si scegliesse questa opzione, è sempre possibile utilizzare i programmi di encoding per salvare una copia della diretta sul proprio PC, per caricarla in un secondo momento come video on demand.

che se il gaming resta l'argomento principale, non è raro trovare su Twitch talk show dedicati alla tecnologia (nella sezione Talk Shows) e al self blogging (raggruppati sotto la sezione IRL), programmi dedicati all'arte, alla musica, alla creatività (che fanno parte della sezione Creative del sito). Infine, considerando la crescita in termini di pubblico e fatturato del mondo degli eSports, riteniamo sia importante conoscere anche questa piattaforma al fine di poterla utilizzare con destrezza.

Fortunatamente, il sistema di configurazione di Twitch è estremamente semplice. Una volta creato un account su Twitch.tv è sufficiente cliccare sul proprio avatar in alto a destra e selezionare "Dashboard". Questo è il pannello di controllo dei nostri streaming. Cliccando su "Channel" alla sezione "Settings" nella colonna di sinistra, è possibile visualizzare la propria chiave di streaming. I server, invece, sono molteplici e ottimizzati a seconda della propria location. Per scoprire quale sia il server più vicino a voi, è sufficiente visitare la pagina https://stream.twitch.tv/ingests/ per una rapida verifica. Nel nostro caso, il server più vicino è quello di Milano, il cui indirizzo è rtmp://live-mil.twitch.tv/app/. Nella pagina di elenco dei server, gli indirizzi terminano con la voce {stream_key}: si tratta di un'indicazione che spiega come inserire la chiave di streaming in vecchi programmi che non supportano la separazione tra URL del server e chiave. Nel caso del software spiegato in questo testo, OBS, è necessario ignorare la parte contenuta tra parentesi graffe per ottenere il corretto indirizzo del server.

A questo punto, preso nota di chiave di streaming e URL del server, è necessario cliccare nuovamente sul nostro avatar in alto a destra e poi selezionare "Channel". Da qui accediamo alla pagina pubblica del nostro canale Twitch, dove possiamo editare il titolo e il nome del gioco (o dell'argomento) che stiamo trasmettendo. Se per i videogiochi è necessario inserire il titolo, per tutti gli altri argomenti è opportuno scegliere sezioni più neutrali come IRL, Creative o Talk Shows.

Twitch permette di raggiungere un grande pubblico ma, come detto, è fortemente legato all'argomento gaming/tecnologia. La sua semplicità d'uso e la sua vivissima community (spesso disposta a donare qualche euro agli *streamer* più interessanti) ne fanno uno dei luoghi più interessanti dove sperimentare le proprie dirette.

5.2 Il software per l'encoding

Come affermato nel capitolo precedente, ogni streaming ha alla base un flusso video che viene codificato attraverso un *codec*. La procedura di codifica, o *encoding*, avviene tramite un programma che si occupa di comprimere il video e di inviarlo al server del provider per la ritrasmissione a tutti gli spettatori. Esistono diversi programmi che svolgono questa operazione, tra cui il celebre e gratuito Adobe Flash Media Live Encoder (FMLE) e il professionale – ma costoso – Telestream Lightspeed Live Stream oltre al celebre mixer virtuale VMIX, ormai diventato una sorta di standard nel mondo degli streaming di conferenza. In questo caso, però, abbiamo scelto di illustrare le funzionalità di un celebre software gratuito e open source chiamato Open Broadcaster Software, meglio noto con l'acronimo OBS e disponibile per il download sul sito obsproject.com

OBS è un software sviluppato da una community di appassionati a partire dal 2012, che negli ultimi anni ha subito enormi miglioramenti fino ad arrivare a superare le funzionalità offerte dai costosi software professionali. Trattandosi di un prodotto gratuito e open source, non offre certo il supporto tecnico garantito dalle multinazionali dietro ai software più blasonati. Le versioni di OBS più recenti (in particolare dalla versione 20 in poi) sono però estremamente affidabili e permettono di essere configurate a fondo. Per questa ragione, abbiamo scelto di utilizzare OBS come software didattico, in quanto il suo apprendimento consente di muoversi con destrezza anche con gli altri software di encoding.

Nel momento in cui scriviamo questo testo, OBS è disponibile in italiano nella versione 21.1.2. Poiché il software è aggiornato con cadenza bimestrale, è per noi impossibile aggiornare questo testo parallelamente all'evoluzione di OBS. Di conseguenza, consigliamo di scaricare la versione in oggetto dall'archivio ufficiale del software per apprendere quanto segue.[18] Inoltre, per praticità, faremo riferimento alla versione Windows del software, che tuttavia è disponibile anche sui sistemi operativi Apple e Linux.

Per seguire correttamente la guida che segue, è dunque necessario avere a disposizione un PC con OBS, una connessione a banda larga, una webcam e un microfono.[19]

---

[18] L'archivio è disponibile all'indirizzo
https://github.com/obsproject/obs-studio/releases
[19] I requisiti hardware per OBS sono disponibili all'indirizzo
https://obsproject.com/wiki/System-Requirements

5.2.1 I primi passi in OBS

Una volta scaricato, installato ed eseguito il software, per prendere dimestichezza con l'interfaccia è bene notare come essa mostri una grande schermata nera. Questo è ciò che potremmo potenzialmente trasmettere: poiché il software non è stato configurato, al momento non vi sono fonti audiovisive pronte per la trasmissione (figura 3).

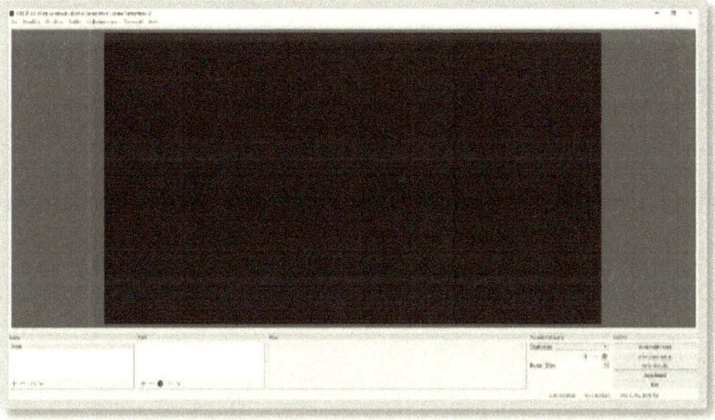

Figura 3

In basso è possibile notare due caselle bianche, con le didascalie "Scene" e "Fonti"; la casella "Scene" contiene una riga chiamata "Scena", mentre la casella "Fonti" è, al momento, vuota. Le fonti sono le sorgenti audiovisive contenute nella scena che vogliamo mandare in onda.

Pertanto, il prossimo passaggio consiste nell'aggiungere una sorgente audiovisiva premendo sul pulsante + sotto alla voce "Fonti". Apparirà una lunga lista di possibili fonti da aggiungere: in questo caso optiamo per una webcam, e pertanto scegliamo "Dispositivo di cattura video". Comparirà una finestra in cui ci viene chiesto di inserire il nome (che di default è "Dispositivo di cattura video"): lo chiamiamo Webcam e confermiamo premendo ok, controllando che la casella "Rendi visibile la fonte" abbia la spunta.

A questo punto, compare una schermata in cui è possibile selezionare la nostra webcam. Alla voce "Dispositivo" una tendina ci permette di scegliere la webcam da una lista di dispositivi (nel caso di questo esempio, la webcam è una Microsoft LifeCam HD-3000, come si evince dalla figura 4).

Figura4

Anche se le webcam più recenti lavorano di default in alta definizione, la nostra webcam ha come standard una risoluzione di 640x480 pixel. Poiché vogliamo trasmettere con un rapporto schermico di 16:9, siamo costretti a configurarla in modo tale da avere una risoluzione *widescreen*. Non è dunque detto che la vostra webcam necessiti di questo passaggio, ma è bene sapere come configurare la propria webcam al fine di ottenere una risoluzione corretta. Alla voce "Tipo risoluzione/FPS" scegliamo "Personalizzato": si aprirà una voce nel menù che ci consente di scegliere la risoluzione (in questo caso la nostra massima risoluzione possibile è 1280x720 pixel) e la velocità dei fotogrammi (nel nostro caso 30 fps). Premiamo ok per confermare.

A seguito di questo passaggio, l'inquadratura della web-cam compare correttamente nella finestra principale del programma. Nel nostro caso, poiché la risoluzione da noi selezionata (1280x720) è inferiore alla risoluzione standard di OBS (1920x1080), l'inquadratura appare in un riquadro collocato in alto a sinistra, con un gran margine di nero alla sua destra e in basso. Per risolvere questo problema, è sufficiente cliccare con il tasto sinistro sull'inquadratura affinché essa si circondi da un bordo rosso, e quindi con il tasto destro per poi selezionare la voce "Trasforma" e poi "Adatta allo schermo". L'immagine, in questo modo, si allarga fino a coprire completamente il riquadro di trasmissione (figura 5).

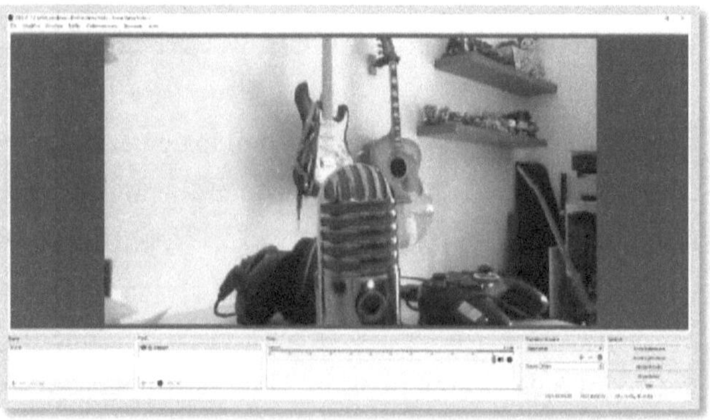

Figura 5

A questo punto il nostro video è pronto per essere trasmesso, ma è muto: è dunque necessario procedere alla configurazione dell'audio. Per farlo, è possibile seguire una procedura analoga alla precedente, premendo il tasto + alla voce fonti e selezionando "Cattura l'audio in entrata" per poi scegliere l'opportuna fonte audio in ingresso. In questo caso, però, è preferibile assegnare una sorgente audio alla nostra webcam, al fine di ridurre il numero di fonti presenti nella lista. Per farlo, è sufficiente dare un'occhiata al mixer audio collocato alla destra della lista delle fonti, che contiene un regolatore di volume a cui è stato assegnato il nome "Webcam": premendo sull'ingranaggio collocato alla destra del regolatore di volume e selezionando "Proprietà", si apre nuovamente la schermata di configurazione della webcam che avevamo incontrato in precedenza. In questo caso, però, scrolliamo con il mouse fino in fondo alla lista delle opzioni, per individuare la voce "Usa il dispositivo audio personalizzato" a cui dobbiamo mettere una spunta. A questo punto, si seleziona dalla lista la sorgente audio: potrebbe trattarsi di un microfono collegato al PC, del microfono integrato nella stessa webcam o di un microfono esterno (nel caso del nostro esempio, useremo un microfono esterno chiamato Samson Meteor Mic, vedi figura 6).

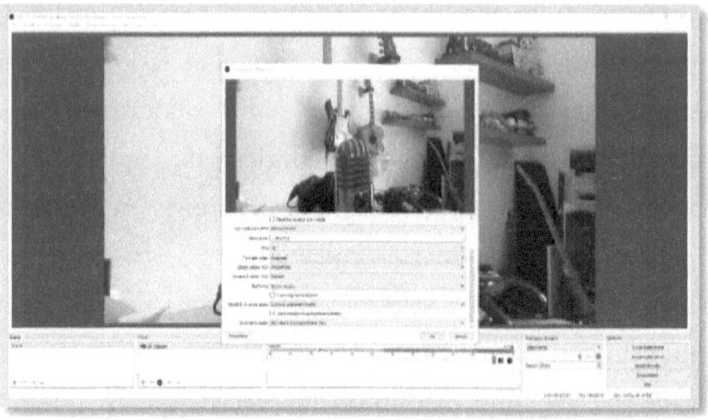

Figura 6

Se il microfono è aperto e correttamente configurato, è possibile vedere la barra del livello audio iniziare ad oscillare, colorandosi di verde. Questo significa che l'audio sta entrando correttamente in OBS. La regolazione del volume sulla barra consente di alzare o abbassare il livello audio a seconda delle esigenze, una funzione particolarmente utile quando si hanno più sorgenti audio da equalizzare.

Superato quest'ultimo passaggio, il software OBS è pronto per trasmettere l'immagine della nostra webcam e l'audio del nostro microfono. Non ci resta che configurare i parametri dello streaming per iniziare a trasmettere verso un provider: riprenderemo dunque questa guida dopo avere illustrato come configurare uno streaming via Facebook e YouTube.

5.2.2   I parametri di trasmissione in OBS

Per fare in modo di iniziare a trasmettere verso il server è necessario aprire le impostazioni di OBS cliccando su "File" e quindi su "Impostazioni". Alla voce "Tipo di stream" è possibile trovare due possibili scelte, denominate "Servizi di streaming" e "Personalizza il server di streaming". La prima opzione è straordinariamente utile, poiché ci permette di selezionare il nostro provider da una lista molto intuitiva. Ad esempio, se volessimo trasmettere su YouTube, sarebbe sufficiente selezionare "YouTube / YouTube Gaming" alla voce "Servizio" e quindi incollare la nostra chiave di streaming nel campo "Chiave stream". Operazioni analoghe possono essere compiute per gli altri servizi, come Facebook Live, Twitch o Periscope. Selezionando "Personalizza il server di streaming", invece, siamo chiamati ad inserire manualmente l'URL del server e la chiave di streaming. Questa funzionalità è utile qualora il nostro streaming si appoggi a un provider non presente nella lista dei servizi offerti da OBS.

A questo punto scegliamo la risoluzione del nostro streaming cliccando a sinistra su "Video". Qui troviamo le voci "Risoluzione base" e "Risoluzione output". La prima si riferisce alla risoluzione della finestra di configurazione del programma (che nel nostro caso abbiamo impostato a 1920x1080): se si modifica questo parametro, potrebbe essere necessario aggiustare il posizionamento e la dimensione della finestra della nostra webcam che avevamo configurato in precedenza. La voce "Risoluzione output", invece, determina l'effettiva risoluzione dello streaming. Per risparmiare risorse hardware e ottenere uno streaming di buona qualità senza gravare troppo sul bitrate, in questo caso scegliamo di trasmettere in risoluzione 1280x720. Si tratta, dunque, di un ridimensionamento (o *scaling*) della risoluzione originale. Ovviamente, se desiderate trasmettere in Full HD e non avete problemi di banda o di hardware, è consigliabile mantenere la risoluzione 1920x1080 anche nell'output. Infine, alla voce "Valori FPS comuni" scegliamo 30. È bene ricordare che, qualora decidessimo di trasmettere a 60 fps, il bitrate richiesto e le risorse hardware coinvolte crescono (cfr. tabella par. 4.8).

Compiuta questa operazione, è necessario configurare la qualità del nostro streaming cliccando a sinistra su

"Output". Qui abbiamo a disposizione una lunga lista di opzioni da modificare affinché il nostro streaming funzioni alla massima qualità resa possibile dal nostro hardware e dalla nostra connessione.

Dopo avere verificato che la voce "Modalità di output" sia impostata su "Semplice", dobbiamo selezionare il nostro bitrate video, espresso in Kbps. La scelta del bitrate, come detto, varia in funzione del nostro hardware, della nostra connessione e della risoluzione dello streaming, ma anche dalla complessità della scena (scene movimentate, come negli eventi sportivi, richiedono bitrate più alti). In generale, possiamo utilizzare come linea guida i parametri riportati nella tabella del paragrafo 4.8. In questo caso, poiché dobbiamo trasmettere l'immagine di una webcam in risoluzione 1280x720, procediamo con un bitrate di 2100 kbps.

Alla voce "Codifica" sono solitamente disponibili diverse opzioni che variano a seconda del vostro hardware. Di certo, è presente la modalità "Software (x264)": utilizzando questa modalità, l'encoding dello streaming viene effettuato via software, cioè attraverso calcoli compiuto dallo stesso OBS. Ciò significa che tutta la potenza di calcolo necessaria per realizzare l'encoding grava sul processore (CPU) del nostro computer, che è utilizzato anche per tutte le altre operazioni gestite dal sistema; per questa ragione, quando si seleziona l'encoding via software è bene avere a disposizione un processore dual o quad core di buona qualità: per uno streaming in Full HD, ad esempio, è consigliabile disporre di un processore della famiglia Intel i7 o, al limite, un processore della famiglia Intel i5 di recente fabbricazione. Nel nostro caso, poiché lo streaming è limitato alla messa in onda di una sola webcam, anche un computer con specifiche leggermente sotto alla media dovrebbe essere in grado di gestire la diretta. Se, tuttavia, decidessimo di riprodurre un video o di inserire delle grafiche in tempo reale, di certo avremmo bisogno di un buon margine di potenza da sfruttare.

In alternativa e a seconda dell'hardware a vostra disposizione, potrebbe essere possibile selezionare l'encoding via hardware. Questa opzione delega la procedura di encoding al processore grafico (GPU) del nostro sistema. Non tutti i sistemi hanno una scheda grafica dedicata, ma se avete a disposizione una scheda della popolare famiglia Nvidia GTX potreste selezionare "Hardware (NVENC)" alla voce codifica: questa operazione ridurrà sensibilmente il carico di lavoro sulla CPU, al costo di una lieve perdita di qualità a parità di bitrate. Si tratta di un compromesso valido qualora abbiate la necessità di compiere operazioni complesse come la riproduzione di un video in alta qualità o di un software particolarmente dispendioso in termini di risorse durante la diretta.

Infine, è necessario selezionare il bitrate audio all'apposita voce. Un bitrate di 256 kbps offre una qualità eccellente in ogni condizione, ma è possibile scendere fino a 128 kbps mantenendo una qualità più che accettabile. È bene ricordare che il bitrate totale del nostro streaming è dato dalla somma del bitrate video e del bitrate audio. Nel nostro caso, abbiamo 2100 kbps + 256 kbps, per un totale di 2356 kbps. Per sostenere questo tipo di streaming, la nostra connessione dovrà dunque disporre di una larghezza di banda in upload pari ad almeno 2356 kbps più un "cuscinetto" di un 25% circa. In altre parole, la nostra connessione dovrebbe avere una banda in upload di almeno 2945 kbps al fine di garantire un risultato ottimale. Per verificare la nostra connessione, è possibile utilizzare il servizio www.speedtest.net che offre in pochi istanti una panoramica della velocità in download e in upload della nostra rete. Qualora la vostra connessione non rispetti i requisiti necessari, sarete obbligati a ridurre la risoluzione del vostro output e il bitrate, sempre seguendo il riferimento della tabella al paragrafo 4.8. Una volta terminate le configurazioni, premere OK per chiudere il menù delle impostazioni.

5.2.3   Iniziamo a trasmettere!

Ora, non ci resta che avviare la nostra diretta. Per farlo, è sufficiente premere il pulsante "Avvia trasmissione" collocato in basso a destra nella finestra principale di OBS. Nel giro di qualche istante il programma inizierà la procedura di encoding, inviando il flusso dello streaming al server da noi scelto.

Se il provider che stiamo utilizzando è Twitch, la trasmissione inizia nel momento in cui si preme il pulsante "Avvia trasmissione". Per questa ragione, molti *streamer* preferiscono iniziare le loro dirette con un cartello o con una sigla, al fine di lasciare un po' di respiro tra l'inizio della trasmissione e l'effettivo inizio del programma in diretta. Twitch, inoltre, notifica tutti gli iscritti al vostro canale ogni volta che inizia una nuova diretta: al fine di massimizzare il numero dei presenti, è necessario lasciare il tempo che un certo numero di persone riceva la notifica e si colleghi al vostro streaming. Per questo motivo, non è affatto raro assistere ad alcuni minuti di attesa (talvolta accompagnati da un countdown) prima che lo *streamer* inizi effettivamente il proprio programma in diretta.

Su Facebook e su YouTube, invece, la pressione del pulsante "Avvia trasmissione" su OBS non corrisponde necessariamente all'avvio della diretta. Su Facebook, nel momento in cui si inizia a trasmettere verso il server è necessario tenere a portata di mano la pagina dove abbiamo reperito la chiave di streaming (cfr. par. 5.1.2), attendere che appaia l'anteprima della nostra diretta e quindi premere il tasto "Trasmetti in diretta" in basso a destra. Solo da quel momento in poi il pubblico inizierà effettivamente a vedere le immagini da noi trasmesse.

Su YouTube le cose variano a seconda che abbiate scelto la modalità standard o la più professionale modalità "Eventi" (cfr. par. 5.1.1). Nel primo caso, lo streaming inizia nel momento in cui si preme "Avvia trasmissione". Nel secondo caso, invece, dobbiamo aprire la "Cabina di regia degli eventi dal vivo" dal pannello di controllo del nostro evento su YouTube e quindi compiere una duplice operazione. In primis, dobbiamo attendere che il tasto "Anteprima" diventi cliccabile. Quindi, dopo averlo premuto e confermato alla finestra di popup, è necessario attendere che il tasto "Anteprima" si trasformi nel tasto "Avvia streaming": quando esso, dopo circa 30 secondi, diventa cliccabile, è sufficiente premerlo e confermare alla finestra di popup per iniziare la trasmissione.

Durante la trasmissione, a prescindere dal provider da noi scelto, è bene tenere monitorato lo stato di salute del nostro streaming. Da OBS è possibile verificare in qualsiasi momento se vi siano problemi di trasmissione osservando i valori indicati nella parte più bassa del programma, accompagnati da un "semaforo" verde, giallo o rosso che ci indica con un semplice colpo d'occhio se vi siano o meno delle difficoltà tecniche: se il verde è il colore che indica una buona trasmissione, quando il semaforo è giallo la trasmissione ha dei problemi, mentre se si colora di rosso significa che è stata interrotta. I problemi più comuni riguardano un rallentamento nel flusso di trasmissione che l'encoder compensa "saltando" (in inglese *frame drop*) la codifica di alcuni fotogrammi. In altre parole, quando vi sono difficoltà tecniche il programma reagisce riducendo il numero di fotogrammi da elaborare, con il risultato di inviare un flusso che procede a singhiozzo. Questo fenomeno, detto *stuttering*, è particolarmente fastidioso per lo spettatore e necessita di un pronto intervento. Da OBS è possibile verificare in qualsiasi momento la presenza o meno di fotogrammi saltati osservando la voce "Fotogrammi persi" in basso nella finestra principale.

Lo *stuttering* può avere diverse origini. La più comune è senz'altro dovuta a problemi di rete: se il vostro bitrate supera la banda in upload della vostra connessione, l'encoder riduce il numero di fotogrammi inviati per mantenere aperta la connessione con il server. Talvolta l'encoder smette di codificare il video limitandosi al solo invio dell'audio, con la conseguenza di inviare un'immagine statica accompagnata da una voce: questo fenomeno è spesso visibile durante le videochiamate via Skype e affini, ma non è raro vederlo durante alcuni streaming particolarmente problematici. Qualora vi sia un problema di connessione, è possibile ridurre il bitrate anche durante la trasmissione dalle impostazioni di OBS, tamponando il problema al costo di una riduzione nella qualità audiovisiva dello streaming. Un'altra problematica all'origine dello *stuttering* si può individuare in un'insufficiente dotazione hardware del PC adibito all'encoding: se la CPU è sotto sforzo, è possibile che l'encoder ne riduca il carico di lavoro saltando qualche fotogramma. Poiché lo sforzo della CPU è direttamente proporzionale al bitrate, anche in questo caso una temporanea riduzione di questo parametro potrebbe risolvere il problema. Inoltre, per uno streaming ottimale si consiglia di chiudere tutte le applicazioni non strettamente necessarie, al fine di alleggerire ulteriormente il carico di lavoro della vostra CPU. Infine, un'ottima alternativa consiste nel passare da un encoding software a un encoding hardware, se il vostro PC lo consente (cfr. par. 5.2.2).

Naturalmente, in questo breve capitolo abbiamo solo scalfito la superficie di un programma come OBS. Ad esempio, non abbiamo parlato di come sia possibile aggiungere più sorgenti e su come esse possano combinarsi per creare dei complessi *compositing*. Di norma gli *streamer* lavorano in maniera creativa con la voce "Fonti" di OBS, aggiungendo – oltre alla propria webcam – grafiche statiche, grafiche animate, video, finestre di collegamento con altri *streamer*, eccetera. Creando più "Scene" dall'apposita colonna si possono preparare dei filmati da mandare in onda come i servizi di un telegiornale e imbastire un complesso programma televisivo costituito da contributi video e sequenze dal vivo. Insomma: anche se OBS è un programma semplice e gratuito, la sua versatilità lo rende un ottimo punto di partenza per il mondo dello streaming.

6. Elementi di regia streaming

Le regie degli streaming video e della televisione in diretta non si discostano molto da un punto di vista teorico: possiamo infatti affermare che un regista televisivo è in grado di lavorare in una regia streaming con agilità, e viceversa. Potrebbe essere dunque fuorviante parlare di "regia streaming" come di un mestiere differente da quello di una qualunque regia televisiva di un evento live, in particolare se classificassimo come "regia streaming" tutto quello che ha a che fare con il mondo delle web TV, e dunque con programmi realizzati in uno studio televisivo ma trasmessi via web.

Nel concreto, però, chi lavora nel mondo dello streaming ha a che fare con modelli produttivi differenti da quelli di un regista televisivo tradizionale: se escludiamo i cosiddetti *streamer*, i quali sono contemporaneamente registi, cameraman, produttori e conduttori del proprio show, i registi degli streaming lavorano principalmente su eventi in esterna, sulla falsariga di quello che viene comunemente detto un *service video*. In altre parole, il regista di uno streaming viene spesso chiamato nell'ambito di convegni, conferenze, eventi sportivi e musicali per trasmetterne via web i contenuti. Di frequente, tali eventi si svolgono in luoghi certamente non adatti a una produzione audiovisiva, e dunque privi di cablaggi, luci e impiantistica e con una conduzione spesso non abituata ai tempi televisivi, poco disposta a fare prove e a piegarsi alle esigenze della produzione. Talvolta, l'evento in streaming deve convivere con la presenza del pubblico in sala, il quale è spesso prediletto dagli organizzatori (anche a fronte di un maggior numero di persone raggiunte via web) che scelgono di sacrificare la qualità audiovisiva dello streaming per privilegiare il comfort dei presenti (ad esempio piazzando una fila di sedie proprio nel miglior punto dove si sarebbe potuta piazzare una telecamera). Possiamo dunque affermare che, mentre la televisione tradizionale è caratterizzata da eventi costruiti attorno alle esigenze televisive, la televisione in streaming si costruisce attorno alle esigenze degli eventi. Ne conseguono un minore controllo e una certa imprevedibilità che richiedono al regista (e alla produzione) una grande capacità di adattamento e la capacità di trovare rapide soluzioni ai problemi che si possono presentare prima e durante la diretta.

6.1 La pre-produzione

Quando si realizza la regia di un evento in streaming, la prima fase da intraprendere è la fase pre-produttiva, in cui si valutano le necessità del cliente, le criticità e i costi dell'operazione. In primis, si cercano di ottenere dal cliente i dettagli dell'evento: descrizione, luogo, data, orario, durata, ma anche eventuali necessità produttive, come il numero di telecamere richieste, la presenza o meno di filmati da mandare in onda, la necessità di disporre di grafiche e sigle e il servizio con cui diffondere l'evento (YouTube, Facebook, eccetera). Quindi, si procede con uno studio di fattibilità che, solitamente, necessita di un sopralluogo tecnico.

Il sopralluogo è una fase importantissima, in quanto esso è il primo passaggio per comprendere la fattibilità dell'operazione. Sovente, il primo elemento da tenere in considerazione è la presenza (o l'assenza) di una connessione a banda larga. È di fondamentale importanza conoscere quali siano le capacità della rete che useremo per trasmettere il nostro evento, pertanto è bene giungere in loco con un computer ed effettuare uno speed test[20] della connessione disponibile, non prima di esserci assicurati che tale connessione sia effettivamente dedicata al nostro streaming e non condivisa con altri (non è raro di trovarsi ad avere a che fare con connessioni perfettamente funzionanti in fase di sopralluogo, che diventano inservibili durante l'evento poiché aperte a tutti i presenti sotto forma di "*free WiFi*"). Qualora la banda fosse insufficiente o non disponibile, è possibile valutare altre alternative, tra cui la possibilità di colle-

---

[20] Esistono svariati servizi che offrono test di velocità della banda larga. Il servizio leader di mercato, gratuito, è disponibile sul sito speedtest.net

garsi su di una rete cellulare 4G[21], di fare uso di una connessione satellitare tramite una parabola o di pensare alla costruzione di una rete ad hoc provvisoria chiedendo l'intervento straordinario di una società telefonica. Tutte queste soluzioni, per ovvie ragioni, richiedono costi aggiuntivi (spesso anche ingenti) da includere in fase di preventivo.

Durante il sopralluogo si valutano gli ambienti e si studiano i punti migliori dove piazzare le telecamere e la regia. In questa fase si comprende la presenza o meno di prese elettriche per l'alimentazione delle apparecchiature, e conseguentemente si studia la posa dei cavi nel rispetto del Decreto Legislativo 81/2008 (ex legge 626/94) sulla sicurezza sul lavoro, con conseguente copertura e/o segnalazione dei cavi in cui i presenti potrebbero inciamparsi.

Infine, è necessario comprendere quali siano le dotazioni audio e luci del luogo dove si svolge l'evento, eventualmente accordandosi con il fonico di sala e il respon-

---

[21] Ormai da alcuni anni vi sono in commercio particolari router 4G multi-sim, detti *bonding router* e capaci di collegarsi contemporaneamente a più reti cellulari per sommarne la banda al fine di ottenere un collegamento stabile. Talvolta, questi router sono racchiusi all'interno di uno zaino che viene spesso utilizzato durante i collegamenti esterni dei telegiornali, una tecnologia che sta in parte sostituendo le più pesanti e costose regie mobili installate in furgoni dotati di collegamento satellitare.

sabile dell'illuminazione, per comprendere la necessità (o meno) di integrare con apparecchiature proprie o con ulteriori collaboratori che si occupino di questi aspetti. Una volta compresi questi aspetti, si procede con un preventivo che tenga conto di tutte le criticità dell'evento e del luogo ove esso si svolge.

6.2 Regole di regia

Per ottenere una regia che consenta allo spettatore di comprendere gli spazi, le azioni e il *discorso* dello streaming, il regista può affidarsi alle regole della grammatica audiovisiva. Queste regole seguono le convenzioni del montaggio filmico, e in particolare fanno riferimento sia alle tipologie di inquadratura che ai diversi tipi di attacco tra di esse.

6.2.1 Campi e piani

In primo luogo, il regista comunica al proprio cameraman il tipo di inquadratura desiderata. La nomenclatura delle inquadrature segue quella utilizzata in ambito cinematografico, e si differenza tra campi e piani a seconda della grandezza scalare di ciò che si inquadra. Si parte dunque da un *campo lunghissimo*, per passare al *campo lungo*, al *campo medio* e al *totale*. Quest'ultimo, è il campo che esplora lo spazio nella sua totalità e che, solitamente, coincide con l'inquadratura totale dello studio televisivo, del palcoscenico, del terreno di gioco dove si svolge l'evento. L'inquadratura totale è una sorta di "salvagente" per il regista, in quanto consente di staccare su di una ripresa generale dell'evento qualora vi siano problemi con le altre camere, movimenti inattesi, disorientamento. Non è affatto raro, dunque, scegliere di introdurre un'inquadratura fissa sul totale, talvolta realizzata con una telecamera priva di operatore.

Quando ci si avvicina ai soggetti umani, i campi prendono il nome di piani. Il piano più largo è detto *figura intera*, che si stringe nel *piano americano* quando il soggetto è tagliato all'altezza delle ginocchia. Seguono poi la *mezza figura* (la classica inquadratura dei telegiornali), il *mezzo primo piano* (che taglia poco sotto il seno), il *primo piano* (che taglia la figura all'altezza delle spalle) e il *primissimo piano* (che inquadra il viso da mento a fronte). Le inquadrature più strette, infine, prendono il nome di *dettaglio* o *particolare*.

Ogni campo o piano produce un effetto diverso nello spettatore. La mezza figura, ad esempio, produce un senso di distacco naturale, ed è per questa ragione che viene utilizzata in quelle trasmissioni che richiedono un carattere di ufficialità, siano essere il telegiornale o il consueto discorso di fine anno del Presidente della Repubblica.[22] Il primo e il primissimo piano indagano le espressioni dei soggetti, e conseguentemente creano un senso di empatia o vicinanza nei confronti dello spettatore. Il regista, dunque, sceglie le inquadrature migliori non soltanto in funzione di una buona composizione dell'immagine, ma anche seguendo i contenuti del discorso e delle tensioni emotive nel corso della trasmissione.

6.2.2   Il posizionamento della telecamera

Il regista sceglie anche il posizionamento delle telecamere, che determina l'angolo di ripresa (*camera angle*). Una telecamera, ad esempio, può essere posta frontalmente al soggetto, ma anche lateralmente o di spalle. Infine, il regista può scegliere se posizionare la telecamera ad altezza naturale, in basso o in alto, a seconda dell'effetto ricercato. Se una telecamera ad altezza naturale offre, appunto, un punto di vista neutrale, una camera posta rasente al terreno può slanciare verso l'alto i soggetti facendoli apparire molto alti. Viceversa, una camera posta in alto può rimpicciolire i soggetti schiacciandoli verso il basso. Inquadrature verticali dall'alto ("a *plongée*") possono essere utilizzate per mostrare la disposizione dei giocatori sul campo da gioco o partico-

---

[22] Ferdinando Lauretani, La regia televisiva. Dai format alla realizzazione dei programmi, Milano, Hoepli, 2003, p. 54

lari coreografie in un evento di danza. Inoltre, si può deliberatamente scegliere di inclinare la telecamera ottenendo un'inquadratura sghemba (in gergo "*fuori bolla*"), per trasmettere un senso di instabilità e di imprevedibilità.

Il posizionamento della telecamera, però, avviene soprattutto in funzione dell'evento che dobbiamo riprendere e trasmettere in streaming e sulla base del luogo dove ci troviamo. Ad esempio, un evento che prevede un dialogo tra due interlocutori potrebbe prevedere il posizionamento di una camera frontale e due camere laterali, che realizzino il campo e controcampo dei due soggetti. Vedremo in seguito alcuni esempi.

6.2.3 Il fuoco selettivo

Un ulteriore elemento di regia si riscontra nella messa a fuoco selettiva dei soggetti inquadrati. Quando l'ottica lo permette, l'operatore può scegliere di concentrare la messa a fuoco su di un soggetto, lasciando fuori fuoco gli altri soggetti. Su richiesta del regista, può variare la messa a fuoco e spostare l'attenzione dello spettatore da un soggetto a un altro.

6.2.4 Movimenti di macchina

Un altro elemento fondamentale della grammatica audiovisiva è dato dai movimenti di macchina. I movimenti più comuni sono i cosiddetti movimenti PTZ, ossia la panoramica, il tilt e lo zoom. La panoramica è una rotazione della telecamera sul suo asse verticale, ed esplora lo spazio da sinistra verso destra, o viceversa. Il tilt è invece una rotazione sull'asse orizzontale, e permette di spostare il punto di vista verso l'alto o verso il basso. Lo zoom, infine, non è propriamente un movimento di macchina, ma produce come effetto un ingrandimento o una riduzione del campo visivo, in maniera simile (ma non uguale) a un movimento della telecamera in avanti o all'indietro.

Questi tre movimenti base si possono ottenere con una telecamera dotata di un'ottica zoom e montata su di un cavalletto; va ricordato, però, che esistono svariate tipologie di movimento (si pensi alle panoramiche circolari, alle carrellate laterali e verticali, all'inclinazione dell'inquadratura, eccetera) solitamente ottenuti con l'ausilio di apparecchiature quali carrelli, gimbal, steadycam, gru, e via discorrendo.

Il regista richiede il movimento di macchina ai propri operatori con ordini convenzionali (stringi, allarga, panoramica, eccetera) e si accorda con i cameraman per l'eventuale realizzazione di movimenti più complessi durante le prove.

6.2.5   Il raccordo sull'asse

Oltre alla grammatica dell'inquadratura, la regia televisiva ha la peculiarità di eseguire in tempo reale lo stacco tra le diverse inquadrature, una pratica che nel cinema si svolge in fase di post-produzione e prende il nome di montaggio. Come nel cinema, però, il regista televisivo può affidarsi alle regole della grammatica filmica per eseguire dei cambi di inquadratura corretti, che per comodità chiameremo *raccordo*, in maniera analoga alla terminologia usata in ambito cinematografico.

Una semplice tipologia di raccordo tra due inquadrature è data dal raccordo sull'asse, che si ottiene quando tra un'inquadratura e un'altra vi è una variazione di *campo* senza che vi sia una variazione di *angolo di ripresa*. In altre parole, si ha un attacco sull'asse quando si posizionano due camere sullo stesso asse ottico e si passa, ad esempio, da un'inquadratura larga a una più stretta. Questo effetto, comunemente, si ottiene piazzando due camere molto vicine tra loro e indicando a uno dei due cameraman di realizzare solo campi stretti, lasciando all'altro i campi larghi. In questo modo, il regista ha sempre a disposizione la possibilità di staccare tra le due inquadrature rispettando la grammatica audiovisiva. Al fine di realizzare un raccordo sull'asse corretto, è di fondamentale importanza fare in modo che vi sia una differenza macroscopica tra la grandezza di campo della prima e della seconda inquadratura. In generale – e questo vale per qualsiasi tipologia di raccordo – è fortemente sconsigliato alternare inquadrature troppo simili tra loro (ad esempio un primo piano e un primissimo piano dello stesso soggetto).

6.2.6   Il raccordo sul movimento

Una seconda tipologia di raccordo è data dal movimento di un personaggio. Quando un personaggio effettua un movimento diretto verso il fuoricampo, l'inquadratura successiva deve mostrare la prosecuzione di tale movimento. Si pensi, ad esempio, a un personaggio che allunga una mano per raccogliere qualcosa: il raccordo sul movimento si completa se nell'inquadratura successiva si mostra quel "qualcosa" e la conclusione del gesto.

Un altro esempio di raccordo sul movimento – ben più comune – si riscontra quando un soggetto si sposta verso i limiti dell'inquadratura. Nell'inquadratura successiva, lo spettatore si attende di ritrovare il soggetto, ma dal lato opposto. In altre parole, se un soggetto esce dal lato destro dell'inquadratura, in quella successiva esso deve apparire dal lato sinistro al fine di non disorientare lo spettatore. Questo raccordo è anche detto *raccordo di direzione*.

6.2.7   Il raccordo di sguardi e la regola dei 180°

Un altro sistema che consente un raccordo naturale fra due inquadrature è dato dal raccordo di direzione degli sguardi di due personaggi. Se, durante un dialogo, due soggetti si guardano, è opportuno fare in modo che essi guardino in due direzioni opposte. Questo dà la certezza al regista di avere sempre la possibilità di staccare sul soggetto non parlante per creare un cosiddetto *piano d'ascolto*.

Per evitare di creare una situazione in cui i soggetti guardino dal lato sbagliato, si segue la cosiddetta *regola dei 180°*. Ipotizzando due soggetti collocati frontalmente, tale regola prescrive il posizionamento delle telecamere entro un semicerchio che va dalle spalle del primo interlocutore alle spalle del secondo interlocutore. Posizionando le camere all'interno di questo semicerchio, si manterrà sempre la giusta direzione degli sguardi (e dei movimenti). Al contrario, posizionando una telecamera al di fuori di questo cerchio – il cosiddetto "scavalcamento di campo" – si rischierà di incappare in errori grammaticali.

La regola dei 180° è uno dei capisaldi della cinematografia, raramente violato se non con precisi intenti stilistici, ma in televisione ha da sempre visto applicazioni meno ferree. In molte situazioni, infatti, si richiede di puntare le telecamere verso il pubblico, con il risultato di violare la regola in maniera quasi costante. Ciononostante, tale regola trova ancora una ferrea applicazione negli eventi sportivi: che cosa potrebbe accadere se in una partita di calcio si violasse tale regola, posizionando una telecamera dall'altro lato del campo? Evidentemente, per lo spettatore la squadra che attacca da sinistra verso destra diventerebbe improvvisamente la squadra che attacca da destra verso sinistra, e viceversa, con il risultato di creare non poca confusione.

6.2.8 Il raccordo sul suono

Infine, è importante tenere in considerazione come il suono possa "chiamare" un cambio di inquadratura. Se, durante un dibattito, un interlocutore non inquadrato prende la parola, per lo spettatore si genera un "fuori campo sonoro" o, più correttamente, un suono *acusmatico*. Il regista, solitamente, interviene mostrando l'origine del suono e dunque staccando sulla persona che ha preso la parola. Poiché questa operazione non è sempre di facile e intuitiva realizzazione – specie durante dibattiti particolarmente accesi – ecco giungere in soccorso il *campo totale* di cui parlavamo poc'anzi: quando non si hanno le idee chiare su chi abbia preso la parola, è sufficiente mostrare la totalità della scena per guadagnare qualche secondo prezioso in regia per chiarirsi le idee.

6.2.9 Stacchi netti, dissolvenze, tendine, transizioni animate

La tipologia più comune di commutazione fra due sorgenti video è data dallo stacco netto, che si esegue premendo il pulsante corrispondente alla telecamera da mandare in onda sul bus di program del mixer. Come visto nel paragrafo 2.2, però, i mixer video prevedono la presenza di una *fader bar*, una leva che consente di effettuare una transizione graduale tra due immagini.

Il tipo più comune di transizione è la dissolvenza incrociata (*fade*), che inverte due immagini facendo lentamente scomparire la prima e apparire la seconda. Questo tipo di transizione è usato per ammorbidire il passaggio altrimenti brusco tra due immagini, e viene utilizzato per inferire un senso di tranquillità o per creare un senso di dilatazione temporale. Talvolta, fermandosi a metà della transizione, è possibile creare un effetto di sovrimpressione che può trovare alcune applicazioni nelle regie di spettacoli musicali e teatrali.

Le tendine, invece, sono di più raro utilizzo, specie nelle regie contemporanee. Un tempo la loro presenza era certamente più frequente: si pensi, ad esempio, al largo uso di questo tipo di transizioni nei video musicali degli anni Ottanta o alla regia di Sanremo 1988, affidata ad

Antonio Moretti, in cui le riprese di buona parte dei brani in gara mostravano tendine tridimensionali.

Ben più comuni sono le transizioni animate, in cui tra le due immagini da commutare si interpone un brevissimo video, solitamente dotato di trasparenza. Questo tipo di transizione è frequentissimo negli eventi sportivi per introdurre i replay, e nel caso degli eventi calcistici include il logo delle due squadre che impalla la prima inquadratura per qualche istante prima di passare all'inquadratura successiva.

6.2.10 Il compositing

Il mixer digitale consente l'innesto di effetti di compositing all'interno dell'inquadratura, vale a dire di elementi quali grafiche, *picture in picture*, scritte ed elaborazioni digitali dell'immagine. Il compositing è ormai una presenza fissa nei programmi di informazione, e trova larghissima applicazione in ogni genere di produzione. Poiché la regia televisiva deve tenere conto della posizione delle grafiche e degli effetti, il compositing viene generalmente progettato con largo anticipo, in modo tale che esso possa essere utilizzato con agilità durante la diretta. In produzioni che richiedono la creazione di grafiche in tempo reale (si pensi alle *breaking news* scorrevoli nella parte bassa dello schermo durante un telegiornale) il regista si affianca a un professionista che si occupa soltanto di questo aspetto della produzione.

6.3 Esempi di produzione

Ogni tipologia di evento richiede una produzione diversa che sappia rispondere sia alle esigenze del cliente che, soprattutto, alla necessità di raccontare con le immagini ciò che sta avvenendo. Evidentemente, ogni produzione ha a che fare con variabili legate non solo alla tipologia e complessità di evento, ma anche al luogo dove esso si svolge e al budget a disposizione: non è raro ritrovarsi coinvolti in produzioni estremamente piccole, in cui si richiede l'utilizzo di una sola telecamera a fronte di un budget di poche centinaia di euro o in presenza di una location molto complessa da un punto di vista logistico. Fatta questa doverosa premessa, in questo paragrafo illustriamo l'allestimento di alcune tipiche produzioni in streaming, descrivendone le caratteristiche e mostrando le soluzioni più comunemente adottate.

6.3.1 Lo streaming di conferenza

La conferenza è probabilmente la più comune tipologia di evento in cui si richiede l'intervento di una regia per lo streaming video. Solitamente, l'evento si svolge in un auditorium con la presenza del pubblico in sala e prevede la presenza di uno o più interlocutori sul palco, talvolta coinvolti in una discussione, talvolta impegnati in un monologo. Solitamente, questi eventi si svolgono con l'ausilio di almeno tre telecamere: una di esse viene posizionata centralmente, e dedicata al totale, mentre le altre due telecamere si collocano ai lati sinistro e destro della sala e si occupano di realizzare le inquadrature più strette. Di solito, la telecamera di sinistra inquadra le persone collocate a destra del palco, mentre la camera di destra riprende le persone a sinistra. Poiché gli interlocutori tendono a guardarsi, questo escamotage consente di evitare di inquadrare un soggetto di profilo, migliorando la composizione delle proprie inquadrature. Può inoltre essere utile posizionare le camere laterali nei pressi del palco, in modo tale che esse possano inquadrare la platea durante gli eventuali applausi e nell'eventuale sessione di domande e risposte con il pubblico.

In alternativa, se l'evento prevede un conduttore (che dunque prende spesso la parola, solitamente guadagnando il centro del palco) è ipotizzabile l'utilizzo di quattro telecamere, due laterali e due centrali in asse, una di esse dedicata alla sola ripresa del conduttore in primo piano e l'altra al totale. Analogamente, quando la conferenza prevede la presenza di un "ospite mentore", [23] un grande esperto su cui l'attenzione della regia si concentra con relativa frequenza, è preferibile assegnare una telecamera al mezzo busto di quest'ultimo.

6.3.2 Lo streaming di un evento sportivo

La produzione di un evento sportivo in streaming, come facilmente intuibile, varia principalmente in funzione dello sport. In una partita di calcio, ad esempio, si riprende l'azione di gioco da un unico lato del campo. A meno di non trovarci in una produzione di media entità che ci permetta di piazzare qualche telecamera rivolta verso le panchine, tutto l'allestimento delle camere avviene su di un unico lato, con una telecamera a fungere da semi-totale (la telecamera, cioè, inquadra un'ampia porzione di campo e si sposta seguendo l'azione) e qualche telecamera più stretta, solitamente rivolta verso chi sta portando palla o collocata nei pressi del calcio d'angolo.

Nella configurazione di base del tennis, invece, si sceglie un'inquadratura totale sul lato corto del campo, e si posizionano due telecamere in primo piano sui due giocatori, in modo da consentire uno stacco in tutti i momenti morti della partita e durante il servizio.

---

[23] Lauretani, p. 53

Nel pugilato, si posiziona la camera del totale su di un lato del ring, mentre due telecamere sono collocate sui due angoli opposti dove i pugili non si siedono al termine dei round. Questa configurazione permette di variare l'inquadratura con agilità e di riprendere i volti degli atleti durante le pause.

Questi tre esempi ci lasciano intuire quanto sia vasto l'argomento, e quanto esso sia volubile a seconda della tipologia di evento ripreso. A latere, non bisogna dimenticarsi che negli eventi sportivi è spesso richiesta la presenza di un replay: conseguentemente, il regista potrebbe chiedere l'intervento di un tecnico che prepari e mandi in onda i momenti salienti dell'azione.

In tutti i casi, di fronte a uno streaming di un evento sportivo è opportuno che il regista conosca le regole dello sport (o si affianchi a un consulente preparato) in modo tale da non perdersi le fasi più importanti del gioco.

6.3.3 Lo streaming di un evento musicale

Sia che si tratti di un concerto rock o di musica classica, l'evento musicale è una tipologia di streaming straordinariamente complesso, dove le professionalità del video si intrecciano con le professionalità dell'audio e con alcune figure altamente specializzate. Solitamente, gli streaming di concerti prevedono la presenza di più camere puntate verso i singoli strumentisti, oltre a una camera totale e a una telecamera rivolta verso il pubblico. Nel caso di piccole band di musica rock/pop, il problema è relativamente ridotto, in quanto sia la struttura dei brani che il numero delle persone presenti sul palcoscenico non richiedono particolari abilità al di fuori di un po' di intuito e senso del ritmo. Gli stacchi, infatti, avvengono spesso a tempo con la musica, e si concentrano le proprie attenzioni sullo strumento predominante, sia esso il cantante durante i ritornelli o la chitarra elettrica durante gli assoli.

Le cose si fanno di certo più complicate nella musica classica, dove la complessità dei brani richiede spesso l'intervento di un professionista del settore, che sappia indicare al regista dove concentrare le proprie attenzioni, e quando. Questo professionista, detto *consulente musicale*, legge la partitura e segnala al regista cosa sta per accadere. Se, ad esempio, il professore d'orchestra all'oboe sta per iniziare un fraseggio, il consulente musicale lo segnala al regista che può preparare l'inquadratura e staccare al momento opportuno.

6.3.4   Lo streaming di un evento eSport

Con circa 6 miliardi di ore di trasmissione viste nel 2017, gli streaming di eventi eSport – ossia di videogiochi pensati per la competizione – rappresentano uno dei settori con il maggior margine di crescita.[24] Anche se il broadcasting professionale di eventi digitali risale al 2012, in questi pochi anni si è assistito ad una maggiore consapevolezza da parte dei produttori di questi programmi, quasi sempre assistiti dai produttori di video games. Al fine di poter trasmettere i contenuti di un videogioco eSport, infatti, è necessario che esso mostri dei contenuti specificamente pensati per la messa in onda. Ciò che il giocatore vede sul proprio schermo, infatti, non sempre coincide con il punto di vista ideale per lo spettatore. Nel celebre gioco *League of Legends*, probabilmente l'eSport più trasmesso al mondo, il giocatore controlla un personaggio e può spostare il punto di vista esplorando la mappa a proprio piacimento. Ovviamente, questo punto di vista è subordinato alle scelte del giocatore, il quale si ritrova a svolgere lo strano ruolo di un cameraman che non può (e non vuole) ricevere ordini da un regista. Di conseguenza, gli sviluppatori di *League of Legends* hanno introdotto una modalità di gioco detta *spectator mode* (modalità spettatore), che consente a un essere umano di controllare una telecamera virtuale all'interno della partita, senza però poter intervenire sul gioco. Grazie allo *spectator mode*, il regista può controllare le inquadrature all'interno dell'ambiente di gioco, e spostare il punto di vista a proprio piacimen-

---

[24] http://www.forbes.com/sites/greatspeculations/2018/07/11/how-big-can-esports-grow-in-2018

to. Usando due o più "cameraman virtuali", operatori capaci di muoversi agilmente all'interno dell'ambiente videoludico, si possono creare inquadrature che si dedichino, ad esempio, ai *top player* della partita o quei punti dell'area di gioco dove avvengono le azioni più concitate.

Come negli sport tradizionali, la regia degli eSport varia molto in funzione del videogioco che si sta utilizzando. Un gioco di azione strategica come *League of Legends* prevede una ripresa dall'alto con una o due telecamere virtuali. Uno sparatutto in prima persona come *Overwatch*, invece, prevede una regia sensibilmente più complessa, che segue l'azione sia dall'alto che con telecamere virtuali poste all'altezza dei personaggi presenti nel gioco, sia con immagini in prima persona provenienti dagli schermi dei 12 giocatori su cui il regista non ha alcun tipo di controllo.

Si tratta dunque di regie straordinariamente complesse, che devono tenere conto di giocatori collocati in un ambiente virtuale che compiono azioni complicate e imprevedibili con enorme rapidità. Raccontare gli eSport, insomma, non è affatto facile e non sempre i registi dietro alle produzioni di questi eventi riescono a rendere comprensibile l'andamento della partita. Per questa ragione, in molti casi il regista si affianca a un team di professionisti detti *observer* (osservatori), che si occupano di seguire uno o due giocatori al fine di poter segnalare al regista se vi sono particolari situazioni meritevoli di essere mandate in onda. Un *observer*, ad esempio, potrebbe informare il regista del tentativo da parte di un giocatore di espugnare la base nemica, o dell'inizio di una serie di eliminazioni degli avversari. Come nel caso del consulente musicale, l'*observer* svolge un ruolo di consulenza avanzata e deve essere un profondo conoscitore dell'eSport.

Infine, un'altra peculiarità degli eSport si riscontra nell'alternanza di immagini virtuali e reali. Oltre alle telecamere virtuali inserite all'interno dello *spectator mode* del gioco, la regia di un evento eSport prevede l'utilizzo di camere reali puntate verso i giocatori per coglierne le espressioni prima, durante e dopo la partita. Solitamente, si utilizza anche una camera che riprende l'arena nella sua interezza, oltre a una camera rivolta verso il pubblico presente. Non ultima, una o più camere rivolte verso gli *shoutcaster*, i commentatori sportivi che, spesso, sono inseriti in un mini-studio televisivo dove realizzano interviste e dibattiti dopo la gara o nelle fasi di preparazione tra i vari round di gioco.

6.4 L'importanza della scaletta

Mutuata dalla produzione televisiva live tradizionale, la scaletta è uno strumento insostituibile anche nel campo dello streaming. La scaletta è un documento cartaceo realizzato prima della messa in onda, che consente a regista, tecnici, cameraman, conduttori, assistenti e maestranze di sapere come si svolge il programma, quali sono i tempi e i contenuti previsti. Per questo motivo, la scaletta contiene una serie di informazioni di natura descrittiva, ma anche cronologica e tecnica.

Per convenzione, il programma viene suddiviso in *blocchi*, ognuno dei quali ha una *durata* precisa e una o più *sorgenti* da cui provengono i segnali video da mandare in onda. Se pensiamo alla scaletta di un telegiornale, il primo blocco è certamente quello della sigla con i titoli di testa, seguito da una parte in studio, dal primo servizio, dal ritorno in studio, da un eventuale collegamento esterno, eccetera. Quando si redige la scaletta, si indica dunque che il blocco 1 – la sigla con i titoli – è un filmato (in gergo RVM), il blocco 2 è uno studio, mentre il blocco 3 – il primo servizio – è un altro RVM. Ad ogni blocco è associata una durata e, nel caso delle dirette, anche l'orario di messa in onda. Infine, si aggiungono alcune descrizioni tecniche: ad esempio, durante i titoli si prevede che il conduttore li commenti in *voce off*, mentre agli RVM si può associare un numero o un codice che possa tornare utile al responsabile del media server, affinché non si lanci il servizio sbagliato.

Di seguito, una rappresentazione grafica dell'esempio di cui abbiamo parlato poc'anzi:

ORARIO	BLOCCO	DESCRIZIONE	DURATA
20:00.00	1 SIGLA RVM #1	Sigla e titoli di apertura voce off conduttore	1.00
20:01.00	2 STUDIO	Conduttore: saluti iniziali, lancio servizio politica interna	0.45
20:01.45	3 RVM #2	*Durante il servizio prova collegamento con Napoli*	2.30
20:04.15	4 STUDIO + NAPOLI	Conduttore parla con collega a Napoli, il quale lancia il servizio	1.15
20:06.00	5 RVM #3		2.00
20:07.00	6 NAPOLI	Si rientra su Napoli, chiusura collega, linea allo studio e chiusura collegamento.	1.00
20:08.00	7 STUDIO	Lancio servizio sport	0.30
20:08.30	8 RVM #4	*Si prepara il collega al chroma key*	2.30
20:11.00	9 STUDIO + CHROMA KEY	Al rientro in studio il conduttore passa la parola alle previsioni del tempo su chroma key.	1.30
20:11.30	10 STUDIO + GRAFICA	Saluti finali, luci giù, grafica con titoli in sovrimpressione	0.30

7. Bibliografia

Nick Bamford, *Directing Television (Professional Media Practice)*, Bloomsbury, Londra, 2012

Gian Paolo Caprettini, Sergio Zenatti, *Fare televisione. Tecnologie, produzione, scenari*, Carocci, Roma, 2005

Daniela Cardini, *Long tv. Le serie televisive viste da vicino*, Unicopli, Milano, 2017

Giampaolo Colletti, *Tv fai-da-Web. Storie italiane di micro Web Tv. La mappa e le istruzioni per fare una tv in casa*, Edizioni Il Sole 24 Ore, Milano, 2010

Gian Maria Corazza, Sergio Zenatti, *Dentro la televisione*, Roma, Gremese, 1999

Ferdinando Lauretani, *La regia televisiva. Dai format alla realizzazione dei programmi*, Milano, Hoepli, 2003

Lev Manovich, *Il linguaggio dei nuovi media*, Olivares, Milano, 2001

Maurizio Nichetti, Giuseppe Carrieri, *Laboratorio di regia*, Roma, Dino Audino, 2017

Roberto C. Provenzano, *Il linguaggio del cinema. Significazione e retorica*, Lupetti, Milano, 2010

Roberto C. Provenzano, *TV-TV. Cosa fare, come farlo*, Milano, Franco Angeli, 2013

Valentina Re (a cura di), *Streaming media. Distribuzione, Circolazione, Accesso*, Mimesis, Milano – Udine, 2017

John Rosenberg, *The Healthy Edit: Creative Techniques for Perfecting Your Movie*, Elseiver, Oxford, 2011

Massimo Scaglioni, Anna Sfardini (a cura di), *La televisione. Modelli teorici e percorsi di analisi*, Carocci, Roma, 2017

Arthur Schneider, *Jump Cut!: Memoirs of a Pioneer Television Editor*, Jefferson, McFarland, 1996

S.P. Sharma, *Basic Radio and Television, Second Edition*, New Delhi, Tata McGraw Hill, 2003

Carlo Solarino, *Per fare televisione. Manuale completo di apparecchiature, luci, studi, linguaggio, contenuti*, Vertical Editrice, Milano, 2010

Giancarlo Tomassetti, *La partita in Tv. I mondiali di calcio visti dalla regia*, Edizioni Eraclea, Roma, 2014

9 788889 080391 8